Handbuch zu

DUBBEL interaktiv 2.0
DAS ELEKTRONISCHE TASCHENBUCH FÜR DEN MASCHINENBAU

Herausgegeben von
W. Beitz und K.-H. Grote

Springer
electronic media

Herausgeber

Professor Dr.-Ing. E.h. Dr.-Ing. *Wolfgang Beitz* †
Technische Universität Berlin

Professor Dr.-Ing. *Karl-Heinrich Grote*
Otto-von-Guericke-Universität Magdeburg

Die Deutsche Bibliothek – CIP-Einheitsaufnahme

DUBBEL interaktiv [Elektronische Ressource] : das elektronische Taschenbuch für den Maschinenbau / begr. von H. Dubbel. Hrsg.: Wolfgang Beitz ... – Vollversion, Version 2.0. – Berlin ; Heidelberg ; New York ; Barcelona ; Hongkong ; London ; Mailand ; Paris ; Singapur ; Tokio : Springer, 2002
   ISBN 3-540-14944-9 (Privatnutzerlizenz)
   ISBN 3-540-14943-0 (Industrielizenz-Mehrplatzversion)
   ISBN 3-540-14942-2 (Industrielizenz-Einzelplatzversion)

CD-ROM 2002
Handbuch 2002

Dieses Werk ist urheberrechtlich geschützt. Die dadurch begründeten Rechte, insbesondere die der Übersetzung, des Nachdrucks, des Vortrags, der Entnahme von Abbildungen und Tabellen, der Funksendung, der Mikroverfilmung oder der Vervielfältigung auf anderen Wegen und der Speicherung in Datenverarbeitungsanlagen, bleiben, auch bei nur auszugsweiser Verwertung, vorbehalten. Eine Vervielfältigung dieses Werkes oder von Teilen dieses Werkes ist auch im Einzelfall nur in den Grenzen der gesetzlichen Bestimmungen des Urheberrechtsgesetzes der Bundesrepublik Deutschland vom 9. September 1965 in der jeweils geltenden Fassung zulässig. Sie ist grundsätzlich vergütungspflichtig. Zuwiderhandlungen unterliegen den Strafbestimmungen des Urheberrechtsgesetzes.

Springer-Verlag Berlin Heidelberg New York
ein Unternehmen der BertelsmannSpringer+Business Media GmbH
http://www.springer.de

© Springer-Verlag Berlin Heidelberg 2002
Printed in Italy

Die Wiedergabe von Gebrauchsnamen, Handelsnamen, Warenbezeichnungen usw. in diesem Werk berechtigt auch ohne besondere Kennzeichnung nicht zu der Annahme, dass solche Namen im Sinne der Warenzeichen- und Markenschutz-Gesetzgebung als frei zu betrachten wären und daher von jedermann benutzt werden dürften.

Zur Beachtung: Vor der Verwendung der in dieser Lernsoftware enthaltenen Programme ziehen Sie bitte die technischen Anleitungen und Handbücher der jeweiligen Computerhersteller zu Rate. Der Autor und der Verlag übernehmen keine gesetzliche Haftung für Schäden durch 1. unsachgemäße Ausführung der in dieser Lernsoftware enthaltenen Anweisungen und Programme, 2. Fehler, die trotz sorgfältiger und umfassender Prüfung in den Programmen verblieben sein sollten. Die Programme auf der beigefügten CD-ROM sind urheberrechtlich geschützt und dürfen ohne schriftliche Genehmigung des Springer-Verlages nicht vervielfältigt werden.

Satz (Handbuch): Fotosatz-Service Köhler GmbH, Würzburg
Einbandgestaltung: *design & production GmbH*, Heidelberg

60/3020 mh – 5 4 3 2 1 0

Vorwort

Die vorliegende Version 2.0 der mehrfach prämierten elektronischen Ausgabe des seit mehr als 80 Jahren existierenden und ständig neu bearbeiteten Standardwerks *DUBBEL Taschenbuch für den Maschinenbau* bietet mit dem Computeralgebra-System MuPAD® umfangreiche Berechnungsmöglichkeiten. Die Lösung interaktiver Formeln, auch innerhalb vieler Tabellen, wird damit einfacher und anwendungsfreundlicher. Inhaltlich entspricht diese Version dem aktuellen, gedruckten DUBBEL; zusätzlich enthält sie ein ausführliches Kapitel grundlegender Mathematik für den Ingenieur. Wesentlich verbessert wurde die allgemeine Handhabung der CD-ROM, z.B. Installation, Menügestaltung, Suchfunktion und das Drucken einzelner Seiten.

Hinweise, Vorschläge und konstruktive Kritik von Nutzern der ersten interaktiven Version des DUBBEL wurden dankbar aufgenommen und weitestgehend umgesetzt. Anregungen und Hinweise sind auch weiterhin willkommen.

Der Herausgeber dankt allen Beteiligten, insbesondere Frau B. Münch, Springer-Verlag, und den Mitarbeitern der Firmen Stürtz und SciFace für die sehr gute Zusammenarbeit.

Karl-Heinrich Grote, April 2002

Inhaltsverzeichnis

1	**Willkommen bei DUBBEL interaktiv 2.0**	1
1.1	Über DUBBEL interaktiv 2.0	1
1.2	Über dieses Handbuch	1
1.3	Systemanforderungen	2
1.4	Installieren von DUBBEL interaktiv 2.0	3
1.5	Entfernen der Programmdateien von DUBBEL interaktiv 2.0	5
2	**Einführung in das elektronische Buch**	7
2.1	Starten und Beenden von DUBBEL interaktiv 2.0 ...	7
2.2	Hinweise zur Benutzung	7
2.2.1	Gliederung	7
2.2.2	Kapitel	8
2.2.3	Anhang	8
2.2.4	Nummerierung und Verweise	8
2.2.5	Bilder	8
2.2.6	Tabellen	9
2.2.7	Literatur	9
2.2.8	Schlagwortsuche	10
2.2.9	Gleichungen	10
2.2.10	Formelzeichen	10
2.2.11	Einheiten	11
2.2.12	Druck	11
2.2.13	DIN-Normen	11
2.3	Interaktive Elemente des DUBBEL interaktiv 2.0	12
2.3.1	Navigationsleiste	12
2.3.2	Hyperlinks	12
2.3.3	Aktive Formeln	12
2.3.4	Aktive Funktionsgrafen	13
2.3.5	Interpolator	13

2.3.6	Zoomen von Bildern	13
2.3.7	Videos	14
2.3.8	Eigene Notizen und Links	14
2.3.9	Literaturverweise	15
2.4	Aktive Formeln des DUBBEL interaktiv 2.0	15
3	**Bedienung des DUBBEL interaktiv 2.0**	**19**
3.1	Navigationsleiste – Registerkarte Inhalt	19
3.2	Navigationsleiste – Registerkarte Index	21
3.3	Navigationsleiste – Registerkarte Suchen	21
3.3.1	Allgemeines zu den Suchmöglichkeiten	21
3.3.2	Bedienelemente	22
3.3.3	Suche mit Hilfe von Platzhaltern	23
3.3.4	Suche mit Hilfe von Boolschen Operatoren	23
3.3.5	Suche auf vorherige Ergebnisse einschränken	24
3.3.6	Nach Begriffen in den Titeln suchen	25
3.3.7	Suche mit Hilfe geschachtelter Ausdrücke	25
3.3.8	Ähnliche Wörter suchen	25
3.4	Navigationsleiste – Registerkarte Favoriten	26
3.4.1	Angelegte Favoriten	26
3.5	Die Themenansicht und ihre Komponenten	27
3.5.1	Verknüpfungen (Links, Hyperlinks)	27
3.5.2	Bilder	28
3.5.3	Bilder und Tabellen mit Interpolator	29
3.5.4	Aktive Formeln in freistehenden Formelzeilen	30
3.5.5	Aktive Formeln im Fließtext	30
3.5.6	Aktive Grafiken	31
3.5.7	Videos	32
3.5.8	Notizen	32
3.6	Die Symbolleiste	33
3.7	Die Menüs	33
3.7.1	Menü Datei: Sichern unter, Seite einrichten, Seitenansicht, Drucken, Beenden	34
3.7.2	Menü Bearbeiten: Rückgängig, Wiederherstellen, Ausschneiden, Kopieren, Einfügen, Alles markieren, Im Thema suchen	35
3.7.3	Menü Ansicht: Im Inhaltsverzeichnis anzeigen, Aktualisieren, Symbolleiste, Statusleiste	36
3.7.4	Menü Gehe: Zurück, Vorwärts, Nächste Seite, Vorherige Seite	37

3.7.5   Menü Anmerkungen: Notiz anbringen, Hyperlink
         erzeugen, Hyperlink auf diese Seite setzen 37
3.7.6   Menü Hilfe: Hilfethemen, DUBBEL im Internet, Info   . 38
3.8   Die Tastaturkürzel 39

4   Beispiel für ein Problemszenario 43
4.1   Einfache Suche 43
4.2   Erweiterte Suche 44
4.3   Suche über Registerkarte Inhalt 45
4.4   Suche über Registerkarte Index 45
4.5   Anlage von Favoriten 46
4.6   Einfügen einer Notiz 47
4.7   Einfügen eines Hyperlinks 48
4.8   Bearbeitung einer aktiven Formel 49
4.9   Graphische Darstellung einer Formel 51
4.10   Lösung des Problemszenarios 53

5   Der Rechner des DUBBEL interaktiv 2.0 55
5.1   Berechnen und Annähern von Werten 55
5.2   Verwendung von Symbolen 56
5.3   Arithmetische Operationen 56
5.4   Berechnungen mit rationalen Zahlen
         und Dezimalzahlen 57
5.5   Berechnungen mit ganzen Zahlen 58
5.6   Analytische Elemente und Konstanten 59
5.7   Lineare Algebra, Statistik 59
5.8   Mengen, Logik 60
5.9   Spezielle Funktionen 60

Lizenzvereinbarungen 61

1 Willkommen bei DUBBEL interaktiv 2.0

1.1 Über DUBBEL interaktiv 2.0

DUBBEL interaktiv 2.0 ist die umfassende Online-Umsetzung des *DUBBEL Taschenbuch für den Maschinenbau*. Die mathematischen Inhalte dieses elektronischen Buches können in einem Rechner verändert werden. Mit Hilfe weiterer Viewer von DUBBEL interaktiv 2.0 können Videos abgespielt, Diagramme vergrößert und Informationen aus Graphen interpoliert werden.

1.2 Über dieses Handbuch

Dieses Handbuch setzt voraus, dass Sie die grundlegende Computer-Terminologie kennen. Es werden Ausdrücke wie „Button", „Menü" und „doppelklicken" verwendet, mit denen Sie vertraut sein sollten.

Das Handbuch informiert über die Systemanforderungen und führt Sie durch die Installation von DUBBEL interaktiv. Darüber hinaus gibt es eine Einführung in die Programmfunktionen anhand einer Aufgabenstellung aus dem Ingenieurbereich. Diese Programmfunktionen versetzen Sie in die Lage, die folgenden Aktionen auszuführen:

- Blättern durch die Inhalte des Buches,
- Durchsuchen des Inhaltes nach einem bestimmten Wort,
- Erstellen einer Notiz,
- Ansehen von Anmerkungen,
- Einfügen mathematischer Ausdrücke im Rechner und ihre Veränderung,
- Graphische Darstellung mathematischer Ausdrücke,
- Benutzung des Interpolators.

Damit vermittelt Ihnen dieses Handbuch einen Eindruck davon, wie Sie DUBBEL interaktiv als nützliches Hilfsmittel in ihrer täglichen Arbeit einsetzen können.

Detailliertere Informationen über die Programmfunktionen gibt Ihnen die Online-Hilfe.

1.3 Systemanforderungen

Folgende Minimal-Anforderungen werden für den Betrieb von DUBBEL interaktiv 2.0 empfohlen:

Hardware-Anforderungen
- 32 MB RAM mit Microsoft Windows 95 / 98 (64 MB RAM empfohlen),
- 64 MB RAM mit Microsoft Windows ME / NT 4 / 2000 / XP (128 MB RAM empfohlen),
- Pentium I mit 166 MHz (Pentium II mit 400 MHz empfohlen),
- CD-ROM-Laufwerk (8fache Geschwindigkeit empfohlen) oder DVD-ROM-Laufwerk,
- Maus,
- 15 MB freie Speicherkapazität auf der Festplatte (wird zwingend zur Installation des DUBBEL interaktiv 2.0 benötigt),
- 35–55 MB freie Speicherkapazität auf der Festplatte bzw. Partition der Festplatte, auf der das Betriebssystem Microsoft Windows installiert ist. Wird ggf. zur Installation des Microsoft Internet Explorer benötigt.

Software-Anforderungen
- Betriebssystem Microsoft Windows 95 / 98 / 98 SE / ME / NT 4.0 SP3 / 2000 / XP,
- Microsoft Internet Explorer 5.5 oder 6 (wird mitgeliefert),
- AVI-Player (wird mitgeliefert).

Anmerkungen
Weitere technische Details hierzu finden Sie auf der CD-ROM in der Datei ReadMe.txt.

1.4 Installieren von DUBBEL interaktiv 2.0

Wollen Sie das Programm unter Windows NT 4, 2000 oder XP installieren oder deinstallieren, so müssen Sie als Administrator angemeldet sein. Arbeiten Sie unter Windows 95, 98 oder ME können Sie sofort mit der Installation beginnen.

- Legen Sie die CD-ROM in Ihr CD-ROM- oder DVD-ROM-Laufwerk ein.
- Sofern die Autostart-Option des Laufwerks nicht abgeschaltet ist, startet das Installationsprogramm automatisch.
- Ansonsten doppelklicken Sie auf das Symbol Arbeitsplatz. Zur Anzeige des Inhalts der CD-ROM doppelklicken Sie auf das Laufwerk, das den Namen „Dubbel_2" trägt bzw. klicken Sie auf Dubbel_2, drücken die rechte Maustaste und wählen den Eintrag „Öffnen". Doppelklicken Sie nun auf das Startprogramm namens Launch.exe.
- Folgen Sie den Anweisungen des Startprogramms.
- Es erscheint zuerst eine Maske mit den Informationen zum Urheberrecht. Klicken Sie auf **Weiter**, um fortzufahren.
- In der zweiten Maske werden die Benutzer-Informationen abgefragt. Geben Sie in die Felder **Voller Name** und **Organisation** die entsprechenden Informationen ein. Hier werden die in Ihrem PC

gespeicherten Daten als Voreinstellungen übernommen. Die Einstellungen des DUBBEL interaktiv 2.0 können entweder für alle Benutzer des PC oder nur für den aktuellen Benutzer installiert werden. Über einen **Radio-Button** muss hier eine entsprechende Wahl getroffen werden. Mit **Weiter** wechseln Sie zur nächsten Maske.

- Hier wird Ihnen ein Verzeichnis auf der Festplatte vorgeschlagen, in welches die Programmdateien installiert werden. Um ein anderes Verzeichnis festzulegen, klicken Sie auf **Durchsuchen** und wählen oder erzeugen ein Verzeichnis. Klicken Sie anschließend auf **Weiter**.
- Um nun die Installation von DUBBEL interaktiv 2.0 zu starten, klicken Sie auf **Weiter**.
- Sobald alle Dateien kopiert und installiert sind, erscheint die letzte Maske. Klicken Sie hier auf **Fertigstellen**, um die Installation zu beenden.

Anmerkungen

Die CD-ROM enthält ein Installationsprogramm, welches die zu installierenden Komponenten (Microsoft Internet Explorer, Microsoft NT 4 Service Pack, Microsoft HTML Hilfe) selbstständig erkennt.

Eine manuelle Installation der benötigten Komponenten ist ebenfalls möglich. Details hierzu finden Sie auf der CD-ROM in der Datei Installation.txt.

Mögliche Fehlermeldungen während der Installation, beim Starten des DUBBEL interaktiv 2.0 oder während der Benutzung des DUBBEL interaktiv 2.0 finden Sie auf der CD-ROM ebenfalls in der Datei Installation.txt. Hier finden Sie auch Hinweise zur Behebung möglicher Fehler.

1.5 Entfernen der Programmdateien von DUBBEL interaktiv 2.0

- Wählen Sie aus dem Startmenü den Punkt **Einstellungen**, anschließend **Systemsteuerung** und doppelklicken Sie auf **Software**.
- In der Dialogbox wählen Sie **DUBBEL interaktiv 2.0** aus der Programmliste und klicken auf **Hinzufügen/Entfernen**.
- Es erscheint die Meldung „Möchten Sie dieses Produkt wirklich deinstallieren?". Wählen Sie „Ja", um das Programm zu entfernen.

2 Einführung in das elektronische Buch

Dieses Kapitel erklärt die grundlegenden Funktionen der elektronischen Version von *DUBBEL Taschenbuch für den Maschinenbau*. Es beschreibt die Struktur und macht Sie mit der im Programm benutzten Terminologie vertraut.

2.1 Starten und Beenden von DUBBEL interaktiv 2.0

Die CD-ROM von DUBBEL interaktiv 2.0 muss sich im Laufwerk befinden, damit Sie mit dem Programm arbeiten können.

Im Startmenü wählen Sie **Programme**, dann **DUBBEL interaktiv** und dann **DUBBEL interaktiv 2.0**. Das Programm erscheint in einem Browser-Fenster.

Selbstverständlich können Sie das Programm auch durch Doppelklicken auf das Icon namens DUBBEL interaktiv 2.0 auf Ihrem Desktop starten.

Um DUBBEL interaktiv 2.0 zu beenden, öffnen Sie das **Datei**-Menü und wählen **Beenden**.

Über die Tastenkombination **ALT+F4** oder Drücken des Kreuzes rechts oben in der Taskleiste können Sie das Programm – wie alle Windows-Programme – ebenfalls beenden.

2.2 Hinweise zur Benutzung

2.2.1 Gliederung

Das Werk umfasst 25 Teile, die in Kapitel, Abschnitte und Unterabschnitte gegliedert sind. Die Teile sind durch große Buchstaben gekennzeichnet. Bei den Untergliederungen bezeichnet die erste Ziffer das Kapitel, die zweite den Abschnitt und die dritte den

Unterabschnitt. Sie stehen jeweils vor ihrer Überschrift, die auch ins Englische übersetzt ist.

Weitere Unterteilungen werden durch fette (unnummerierte) Überschriften sowie fette und kursive Zeilenanfänge (sog. Spitzmarken) vorgenommen. Diese sollen Ihnen das schnelle Auffinden spezieller Themen erleichtern. Überschriften werden in blauer Schrift dargestellt, um diese im Text hervorzuheben.

Am oberen Bildschirmrand wird das jeweilige Kapitel angezeigt, in dem Sie sich befinden.

2.2.2 Kapitel

Ein Kapitel bildet die Grundeinheit, in der Gleichungen, Bilder und Tabellen jeweils wieder von 1 ab nummeriert sind. Fett gesetzte Bild- und Tabellenbezeichnungen sollen eine schnelle Zuordnung von Bildern und Tabellen zum Text ermöglichen.

2.2.3 Anhang

Am Ende fast aller Teile befinden sich die Kapitel „Anhang: Diagramme und Tabellen" und „Spezielle Literatur". Sie enthalten die für die praktische Zahlenrechnung notwendigen Kenn- und Stoffwerte, Sinnbilder und Normenauszüge des betreffenden Fachgebietes und das im Text herangezogene Schrifttum. Da die Daten einiger Anhänge sehr umfangreich sind, werden diese in mehrere Teile unterteilt. Am Ende des Werkes liegt der Teil Z „Allgemeine Tabellen".

2.2.4 Nummerierung und Verweise

Die *Nummerierung* von Bildern, Tabellen, Gleichungen und Literatur gilt für das jeweilige Kapitel. Gleichungsnummern stehen in runden ( ), Literaturziffern in eckigen [ ] Klammern.

Bei *Verweisen* auf ein anderes Kapitel stehen vor den Bezeichnungen zusätzlich der Buchstabe des Teils und die Nummer des Kapitels, z.B. C2 Tab. 1, G1 Bild 6, Anh. X5 Tab. 1, B3 Gl. (22) bzw. B1.7 bei Textabschnitten. Für die „Allgemeinen Tabellen" am Buchende gilt Z Tab. 3.

2.2.5 Bilder

Zu den Bildern gehören konstruktive und Funktionsdarstellungen, Diagramme, Flussbilder und Schaltpläne.

Bildgruppen
Sie sind, soweit notwendig, in Teilbilder untergliedert, die zusätzlich zur Bildnummer mit kleinen Buchstaben **a, b, c** usw. bezeichnet sind (z. B. U2 Bild 2). Sind diese nicht in der Bildunterschrift erläutert, so befinden sich die betreffenden Erläuterungen im Text (z. B. B6 Bild 12a–e). Kompliziertere Bauteile oder Pläne enthalten Positionen, die entweder im Text (z. B. P2 Bild 26) oder in der Unterschrift erläutert sind (z. B. L5 Bild 5).

Sinnbilder
Sinnbilder für Schaltpläne von Leitungen, Schaltern, Maschinen und ihren Teilen sowie für Aggregate sind nach Möglichkeit den zugeordneten DIN-Normen oder den Richtlinien entnommen. In Einzelfällen wurde von den Zeichnungsnormen abgewichen, um die Übersicht der Bilder zu verbessern. Zur besseren Darstellung am Bildschirm wurden einige Bilder neu angeordnet.

Bildunterschriften
Sie werden in blauer Schrift dargestellt, um sie besser vom Text abzuheben.

2.2.6 Tabellen
Sie ermöglichen es, Zahlenwerte mathematischer und physikalischer Funktionen schnell aufzufinden. In den Beispielen sollen sie den Rechnungsgang einprägsam erläutern und die Ergebnisse übersichtlich darstellen. Aber auch Gleichungen, Sinnbilder und Diagramme sind zum besseren Vergleich bestimmter Verfahren tabellarisch zusammengefasst. Zur besseren Darstellung am Bildschirm wurden einige Tabellen neu angeordnet.

2.2.7 Literatur
Spezielle Literatur
Sie ist auf das Sachgebiet eines Kapitels bezogen, eine Ziffer in eckiger [ ] Klammer weist im Text auf das entsprechende Zitat hin. Diese Verzeichnisse, die häufig auch grundlegende Normen, Richtlinien und Sicherheitsbestimmungen enthalten, befinden sich am Ende der Teile nach Kapiteln geordnet.

Allgemeine Literatur
Sie steht am Anfang des Teils in der Reihenfolge der Kapitel und enthält die betreffenden Grundlagenwerke.

2.2.8 Schlagwortsuche

Diese CD-ROM ermöglicht eine detaillierte Schlagwortsuche im gesamten Text.

2.2.9 Gleichungen

Sie sind als Größengleichungen geschrieben. Sind Zahlenwertgleichungen, z. B. bei empirischen Gesetzen oder bei sehr häufig vorkommenden Berechnungen erforderlich, so erhalten sie den Zusatz „Zgl." und die gesondert aufgeführten Einheiten den Zusatz „in". Für einfachere Zahlenwertgleichungen werden gelegentlich auch zugeschnittene Größengleichungen benutzt. Exponentialfunktionen sind meist in der Form „$\exp(x)$" geschrieben. Wo möglich, wurden aus Platzgründen schräge, statt waagerechte Bruchstriche verwendet. Diese CD-ROM ermöglicht die Nutzung von fast 3000 interaktiven Gleichungen, die mit dem Computeralgebra-System MuPAD® berechnet werden können. Zusätzlich können bei den meisten Gleichungen Parametererläuterungen eingesehen werden.

2.2.10 Formelzeichen

Sie wurden in der Regel nach DIN 1304 gewählt. Da die einzelnen Fachnormenausschüsse unabhängig sind und eine laufende Anpassung an die internationale Normung erfolgt, ließ sich dies jedoch nicht ganz konsequent durchführen. Daher mussten in einzelnen Fachgebieten gleiche Größen mit verschiedenen Buchstaben gekennzeichnet werden. Die in einer Gleichung vorkommenden Größen werden deshalb meist in unmittelbarer Nähe im Text erläutert, oder die Erläuterungen können über einen Parameter-Button eingesehen werden. Bei Verweisen innerhalb eines Kapitels werden die erfolgten Erläuterungen nicht wiederholt. Wurden Kompromisse bei Formelzeichen der einzelnen Normen notwendig, so ist dies an den betreffenden Stellen vermerkt. In wenigen Fällen wurden mathematische Zeichen für die interaktive Berechnung mit dem Computeralgebra-System umgewandelt (z. B. $\approx$ wird nach Möglichkeit =) oder der Nutzer kann die Ergebnisvariable in dem Gleichungsfenster selber setzen.

Zeichen, die sich auf die Zeiteinheit beziehen, tragen einen Punkt. Beispiel: B6 Gl. (5). *Variable* sind kursiv, ***Vektoren*** und ***Matrizen*** fett kursiv und Einheiten steil gesetzt.

2.2.11 Einheiten

In diesem Werk ist das Internationale bzw. das SI-Einheitensystem (Système international) verbindlich. Eingeführt wurde es durch das „Gesetz über Einheiten im Meßwesen" vom 02.07.1969 mit seiner Ausführungsverordnung vom 26.06.1970. Außer seinen sechs Basiseinheiten m, kg, s, A, K und cd werden auch die abgeleiteten Einheiten N, Pa, J, W und Pa s benutzt. Unzweckmäßige Zahlenwerte können dabei nach DIN 1301 durch Vorsätze für dezimale Vielfache und Teile nach Z Tab. 3 ersetzt werden. Hierzu läßt auch die Ausführungsverordnung folgende Einheiten bzw. Namen zu:

Masse	1 t = 1000 kg
Volumen	1 l = 10^{-3} m^3
Druck	1 bar = 10^5 Pa
Zeit	1 h = 60 min = 3600 s
Temperaturdifferenz	1°C = 1 K
Winkel	1° = 1 rad/180

Für die Einheit 1 rad = 1 m/1 m darf nach DIN 1301 bei Zahlenrechnungen auch 1 stehen.

Da ältere Urkunden, Verträge und älteres Schrifttum noch die früheren Einheitensysteme enthalten, sind ihre Umrechnungsfaktoren für das internationale Maßsystem in Z Tab. 5 aufgeführt.

2.2.12 Druck

Nach DIN 1314 wird der Druck p meist in der Einheit bar angegeben und zählt vom Nullpunkt aus. Druckdifferenzen werden durch die Formelzeichen, nicht aber durch die Einheit gekennzeichnet. Dies gilt besonders für die Manometerablesung bzw. atmosphärischen Druckdifferenzen.

2.2.13 DIN-Normen

Hier sind die bei Abschluss der Manuskripte gültigen Ausgaben maßgebend. Dies gilt auch für die dort gegebenen Definitionen und für die herangezogenen Richtlinien.

2.3 Interaktive Elemente des DUBBEL interaktiv 2.0

2.3.1 Navigationsleiste

Die Navigationsleiste enthält verschiedene Funktionen (Kartenreiter), um sich im DUBBEL interaktiv 2.0 zu orientieren:

- Inhaltsverzeichnis,
- Index,
- Volltextsuche, mit welcher der gesamte Inhalt des DUBBEL durchsucht werden kann,
- Favoritenliste, die vom Benutzer selbst erstellt werden kann.

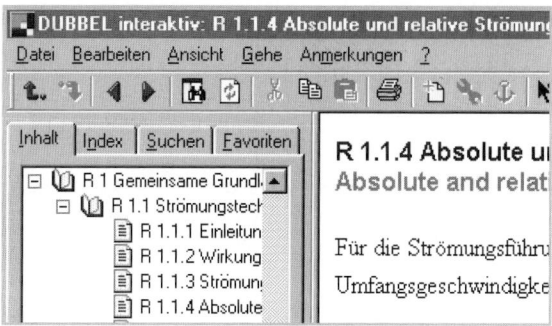

2.3.2 Hyperlinks

Hyperlinks verweisen auf andere Seiten, Bilder, Tabellen oder spezielle Literaturhinweise. Sie funktionieren wie in jedem Internet-Browser, indem man sie mit der linken Maustaste anklickt.

In DUBBEL interaktiv 2.0 ursprünglich vorhandene Hyperlinks sind *orange* und können vom Benutzer nicht verändert werden. Vom Benutzer selbst erstellte Hyperlinks sind *grün*.

2.3.3 Aktive Formeln

Rote gefärbte Formeln sind aktiv; mit ihnen können symbolische und numerische Rechnungen durchgeführt werden. Oft haben sie außerdem Parametererklärungen.

Die Icons und dienen dazu, den symbolischen Rechner bzw. die Parametererklärungen zu öffnen.

Die spezifische Totalenthalpie erfaßt die ganze an das Fluid gebundene Energie.

$h_t \equiv h + c^2/2 + gz.$

Grün gefärbte Formeln haben nur Parametererklärungen.

2.3.4 Aktive Funktionsgrafen
Aktive Funktionsgrafen lassen sich direkt in der jeweiligen Seite manipulieren.

2.3.5 Interpolator
Mit dem Interpolator lassen sich Werte in Diagrammen abfragen. Der Interpolator ist mit dem Icon ⊕ gekennzeichnet.

Wenn Sie mit der linken Maustaste in das Diagramm klicken, so werden die Koordinaten des Punktes im Diagramm angezeigt.

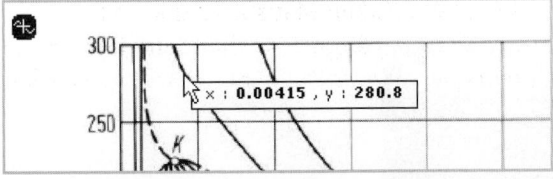

2.3.6 Zoomen von Bildern
Alle Bilder liegen auch hochaufgelöst vor. Details können in einem Zoom-Fenster betrachtet werden.

Wenn Sie mit der linken Maustaste in ein Bild klicken, so wird das zugehörige Zoom-Fenster geöffnet.

Wenn Sie mit der linken Maustaste in das Zoom-Fenster klicken, so wird das Bild vergrößert oder verkleinert, je nach dem, ob der Vergrößerungs- oder der Verkleinerungs-Modus eingestellt ist. Sie können die Vergrößerungsstufe auch direkt auswählen.

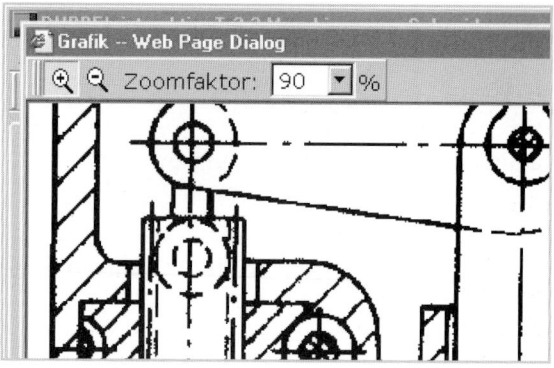

2.3.7 Videos

Videos machen dynamische Vorgänge transparent. Sie werden direkt in der jeweiligen Seite angezeigt.

Sie können Videos mit den gezeigten Schaltflächen starten, anhalten oder beenden. Mit dem Schieberegler können Sie direkt bestimmte Bilder des Videos auswählen.

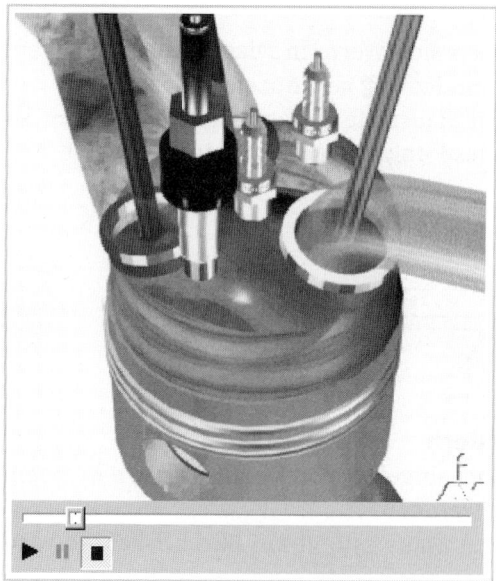

2.3.8 Eigene Notizen und Links

Eigene Notizen und Hyperlinks lassen sich frei auf den Seiten anbringen. Außerdem kann man auch Lesezeichen einfügen.

Überschneidung. Wichtig ist die Wahl von Es. Spätes Schli
zur Nachladung.

> Zu diesem Thema siehe auch die Januar-A
> diesem Thema siehe auch die Januar-Ausg

Variable Steuerzeiten. Eine vollvariable Ventilsteuerung

2.3.9 Literaturverweise

Verweise auf allgemeine Literatur finden sich zu Beginn der jeweiligen Kapitel.

Klicken Sie mit der linken Maustaste auf das Icon , um das Literaturverzeichnis zu öffnen.

> ▶ Allgemeine Literatur
>
> - P 1 Allgemeine Grundlagen der Kolbenmaschinen
> - P 2 Verdrängerpumpen
> - P 3 Kompressoren
> - P 4 Verbrennungsmotoren
> - P 5 Spezielle Literatur

2.4 Aktive Formeln des DUBBEL interaktiv 2.0

Mit aktiven Formeln können symbolische und numerische Rechnungen durchgeführt werden. Oft haben sie außerdem Parametererklärungen.

Rot gefärbte Formeln sind aktiv.

> Die spezifische Totalenthalpie erfaßt die ganze an das Fluid gebundene Energie.
>
> $h_t \equiv h + c^2/2 + gz.$

Klicken Sie auf das Icon ▶Σ, so wird der Rechner mit der Formel in der jeweiligen Seite geöffnet.

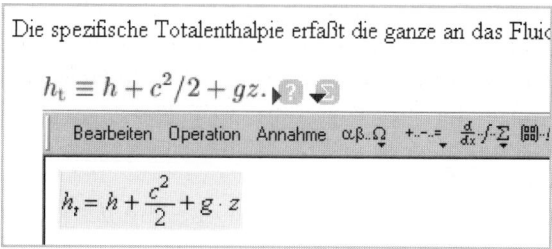

Klicken Sie auf das Icon ▶?, so werden die Parametererklärungen zur Formel in der Seite geöffnet.

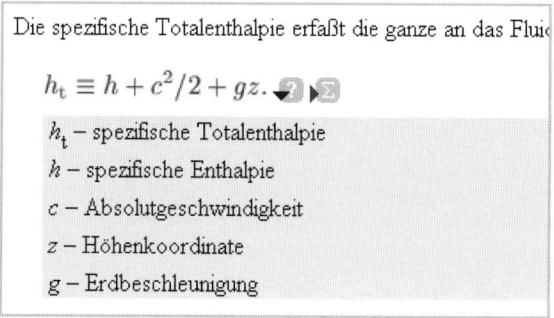

Parametererklärungen für freigestellte Formeln können auch Hyperlinks enthalten.

Formeln im laufenden Text können ebenfalls aktiv sein. Sie haben keine Icons für Rechner oder Parametererklärungen.

Klicken Sie mit der linken Maustaste auf die Formel. Ein Menü erscheint, mit dem Sie den Rechner und ggf. die Parametererklärungen für die Formel öffnen können.

Der Rechner wird in diesem Fall in einem gesonderten Dialog geöffnet. Das gilt auch für Parametererklärungen.

Parametererklärungen für Formeln im laufenden Text können aus technischen Gründen übrigens keine Hyperlinks enthalten.

Grün gefärbte Formeln haben nur Parametererklärungen. Bei Formeln im laufenden Text müssen Sie wieder mit der linken Maustaste auf die Formel klicken. Mit dem daraufhin erscheinenden Menü können Sie die Parametererklärung öffnen.

3 Bedienung des DUBBEL interaktiv 2.0

In den Standardeinstellungen präsentiert sich DUBBEL interaktiv 2.0 in einem Fenster mit drei Komponenten:

- In der linken Hälfte des Fensters sehen Sie die Navigationsleiste. Diese setzt sich aus den Registerkarten Inhalt, Index, Suchen und Favoriten zusammen, zwischen denen Sie mit einem Klick auf die zugehörigen Reiter oder mit Hilfe von Tastaturkürzeln umschalten können.
- In der rechten Hälfte des Fensters sehen Sie die Themenansicht. Sie zeigt das aktuelle Thema an und kann zahlreiche weitere interaktive Komponenten enthalten.
- Die dritte Komponente ist die Symbolleiste. Sie befindet sich normalerweise unter der Titelleiste des Hauptfensters.

3.1 Navigationsleiste – Registerkarte Inhalt

Hier wird der gesammelte Inhalt des DUBBEL interaktiv 2.0 hierarchisch dargestellt. Die Darstellungsweise und die Bedienung ist an die des bekannten Windows Explorer angelehnt.

Die verschiedenen Symbole in Form von Ordnern, Büchern oder Seiten haben dabei folgende Bedeutungen:

⊞ 📁 B: Mechanik

Dieses Ordnersymbol steht für ein Teil im DUBBEL interaktiv 2.0. Es ist mit einem Großbuchstaben und einem Titel gekennzeichnet. Wenn Sie in das Kästchen mit dem +-Zeichen klicken, wird der Ordner geöffnet, und der Inhalt wird sichtbar. Alternativ können Sie auf das Ordnersymbol doppelklicken.

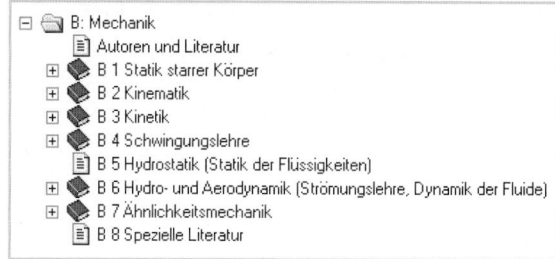

Ein Teil enthält ein oder mehrere Kapitel, die mit Ziffern nummeriert sind. Die Nummerierung beginnt in jedem Teil von Neuem bei 1.
Ein Kapitel kann eine einzelne Seite

📄 B 5 Hydrostatik (Statik der Flüssigkeiten)

oder mehrere Abschnitte

⊞ 📚 B 3 Kinetik

beinhalten.
Ein Doppelklick auf einen Teil öffnet dessen Inhalt in der Themenansicht. Ein Mausklick auf ein Kapitel zeigt die jeweilige Titelseite. Um den Inhalte der Abschnitte zu sehen, klicken Sie entweder in das Kästchen mit dem +-Zeichen oder Sie doppelklicken auf das Buchsymbol oder den Titel. Ein Abschnitt kann wiederum einzelne Seiten oder auch weitere Unterabschnitte enthalten.

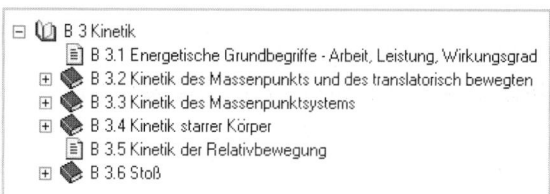

Anmerkung
Die Seite, die gerade in der Themenansicht angezeigt wird, ist in der Registerkarte Inhalt blau markiert. Falls Sie viele Teil- oder Kapitelsymbole geöffnet und mit Hilfe der Scrollbalken den sichtbaren Ausschnitt verschoben haben, kann es sein, dass der markierte Abschnitt nicht sichtbar ist. Mit Hilfe des Befehls **Ansicht – Im In-**

haltsverzeichnis anzeigen wird der sichtbare Ausschnitt so bewegt, dass der aktuell angezeigte Eintrag sichtbar wird.

Der Sichtbarkeitszustand eines Symbols bleibt erhalten, wenn Sie ein übergeordnetes Symbol schließen. Das heißt: Wenn Sie ein Kapitelsymbol mit teilweise geöffneten Abschnitten schließen und erneut öffnen, werden die entsprechenden Abschnitte wieder geöffnet dargestellt.

Bei einem Mausklick auf einen Abschnitt kann es bis zum Aufbau der Seite einige Sekunden dauern. Diese Verzögerung hängt von der Geschwindigkeit und dem Zustand Ihres CD-ROM-Laufwerks ab.

3.2 Navigationsleiste – Registerkarte Index

Diese Registerkarte zeigt den Index des DUBBEL interaktiv 2.0, d. h. eine alphabetische Liste aller Schlüsselwörter.

Bei einer Eingabe im Feld **Zu suchendes Schlüsselwort** scrollt die Indexliste automatisch zum ersten Eintrag, der die bereits eingegebenen Zeichen enthält.

Um die dazugehörige Seite anzuzeigen, wählen Sie einen Eintrag aus und

- doppelklicken auf den ausgewählten Eintrag oder
- drücken die Eingabetaste oder
- klicken auf die Schaltfläche **Anzeigen**.

Anmerkung
Verschiedene Einträge können auf dieselbe Seite verweisen.

3.3 Navigationsleiste – Registerkarte Suchen

Diese Registerkarte enthält die verschiedenen Elemente für die umfangreichen Suchmöglichkeiten im DUBBEL interaktiv 2.0.

3.3.1 Allgemeines zu den Suchmöglichkeiten
Es kann nach einem oder mehreren Wörtern oder Teilausdrücken gesucht werden. Dabei können Sie Platzhalter, Boolsche Operatoren und geschachtelte Ausdrücke benutzen. Weiterhin können Sie die Suche nach ähnlichen Wörtern erweitern oder sie auf die Liste bereits gefundener Begriffe oder nur in Titeln einschränken.

Die grundsätzlichen Regeln für Suchanfragen sind wie folgt:

- Bei der Suche wird nicht zwischen Groß- und Kleinschreibung unterschieden. Sie können daher sowohl kleine als auch große Buchstaben verwenden.
- Sie können nach einer beliebigen Kombination aus Buchstaben (a–z, ä, ü, ö, ß) und Ziffern (0–9) suchen.
- Satzzeichen wie Punkt, Doppelpunkt, Komma, Semikolon sowie der Trennstrich werden bei der Suche ignoriert.
- Gruppieren Sie Ihre Suchbegriffe mit Hilfe *geschachtelter Ausdrücke* (Anführungszeichen und Klammern). Sie können nicht nach Anführungszeichen suchen!

Anmerkung
- Wenn Sie nur im aktuellen Thema suchen möchten, benutzen Sie den Befehl **Im Thema suchen** aus dem Menü **Bearbeiten**.
- Wenn Sie nach Begriffen suchen, die o. g. Satzzeichen enthalten, sollten Sie den Suchbegriff in Anführungsstriche setzen. So wird bei der Suche nach „*I-Träger*" nur der geschlossene Begriff gefunden, während bei Eingabe von *I-Träger* (ohne „ ") alle Seiten angezeigt werden, die sowohl *I* als auch *Träger* enthalten.

3.3.2 Bedienelemente

In das Eingabefeld geben Sie den Suchbegriff ein. Über ein Popup-Menü am rechten Rand des Feldes haben Sie Zugriff auf die letzten bereits eingegebenen Suchbegriffe.

Rechts neben dem Eingabefeld befindet sich ein weiteres Popup-Menü zur schnellen Eingaben von Boolschen Operatoren.

Durch einen Klick auf die Schaltfläche **Themen auflisten** wird die Suche gestartet.

Um ein Thema aus der Ergebnisliste anzuzeigen, wählen Sie den gewünschten Eintrag aus und

- doppelklicken den Eintrag oder
- drücken die Eingabetaste oder
- klicken auf die Schaltfläche **Anzeigen**.

Mit Hilfe der **Kontrollkästchen** (= Checkboxen) können Sie die Optionen **Vorherige Ergebnisse suchen**, **Ähnliche Wörter suchen** und **Nur Titel suchen** aktivieren bzw. deaktivieren.

Anmerkung
Wenn Sie nur im aktuell angezeigten Thema suchen möchten, benutzen Sie den Befehl **Im Thema suchen** aus dem Menü **Bearbeiten**.

3.3.3 Suche mit Hilfe von Platzhaltern
Sie können nach Wörtern, Teilwörtern, Ausdrücken und Teilausdrücken suchen. Dabei ist die Benutzung von Platzhaltern (? oder *) möglich.

Suchen nach	Beispiel	Ergebnis
einem einzelnen Wort	Elektron	Themen, die das Word „Elektron" beinhalten, Variationen wie „Elektronik" und „elektronisch" werden ebenfalls gefunden
einem Ausdruck	„Neuer Operator" oder Neuer Operator	Themen, die den Ausdruck „Neuer Operator" wörtlich enthalten. Ohne die Anführungszeichen ist die Anfrage gleichbedeutend mit „Neuer AND Operator" enthalten. Es werden auch Themen gefunden, in denen beide Einzelwörter vorkommen
Ausdrücke mit Platzhaltern	esc*	Themen, welche die Ausdrücke „ESC", „escape", „escalation," usw. enthalten. Der Stern * darf dabei nicht das einzige Zeichen im Suchbegriff sein
	80?86	Themen, welche die Ausdrücke „80186", „80286", „80386", usw. enthalten. Das Fragezeichen darf dabei nicht das einzige Zeichen im Suchbegriff sein

Anmerkung
Aktivieren Sie **Ähnliche Wörter suchen**, um zusätzlich Begriffe zu finden, die leicht von dem eingegebenen Suchbegriff abweichen.

3.3.4 Suche mit Hilfe von Boolschen Operatoren
Die Verknüpfungen **AND**, **OR**, **NOT** und **NEAR** erlauben es Ihnen, logische Beziehungen zwischen verschiedenen Suchbegriffen herzustellen und damit die Suche zu präzisieren. Die folgende Tabelle

zeigt einige Beispiele. Wenn Sie bei mehr als einem Suchbegriff keine Verknüpfung angeben, wird **AND** benutzt. Die Eingabe „flüssig fest" ist also gleichbedeutend mit „flüssig AND fest".

Suchen nach	Beispiel	Ergebnisse
Beide Begriffe im gleichen Thema	dib AND palette	Themen, die sowohl „dib" als auch „palette" enthalten
Mindestens einer der Begriffe in einem Thema	raster OR vector	Themen, die „raster" oder „vector" oder beide enthalten
Ein Begriff ohne einen anderen Begriff	ole NOT dde	Themen, die „OLE," aber nicht „DDE" enthalten
Begriffen, die nahe beieinander liegen	user NEAR kernel	Themen, die „user" und im Abstand von acht Wörtern „kernel" enthalten

Anmerkung
Die Zeichen |, &, and ! fungieren nicht als Boolsche Operatoren. Sie müssen **OR, AND** und **NOT** benutzen.

3.3.5 Suche auf vorherige Ergebnisse einschränken

Dieses Merkmal ermöglicht es Ihnen, die Suche nach Begriffen auf die Ergebnisliste einer bereits durchgeführten Suche einzuschränken. So können Sie sich bei unerwartet langen Ergebnislisten an das gewünschte Thema herantasten.

- Aktivieren Sie **Vorherige Ergebnisse suchen** auf der **Suchen** Registerkarte.
- Geben Sie einen (anderen) Suchbegriff ein und klicken Sie auf **Themen auflisten**.
- Wählen Sie das gewünschte Thema aus und klicken auf **Anzeigen** oder wiederholen Sie den Vorgang mit einem weiteren Suchbegriff.

Anmerkung
- Wenn Sie wieder im gesamten DUBBEL interaktiv 2.0 suchen möchten, müssen Sie das Kontrollkästchen deaktivieren.
- Das Merkmal bleibt auch aktiviert, wenn Sie die Registerkarte wechseln oder das Programm verlassen und wieder starten.

3.3.6 Nach Begriffen in den Titeln suchen

Wenn Sie dieses Merkmal aktivieren, wird nur in den Titeln von DUBBEL interaktiv 2.0 gesucht. Unter Umständen kann dies die Suche erheblich vereinfachen und den Sucherfolg beschleunigen.

- Klicken Sie auf die Registerkarte **Suchen**, geben Sie einen Suchbegriff ein und aktivieren Sie das Kontrollkästchen **Nur Titel suchen**.
- Klicken Sie auf **Themen auflisten**, um die Suche zu starten.
- Wählen Sie das gewünschte Thema aus und klicken Sie auf **Anzeigen**.

3.3.7 Suche mit Hilfe geschachtelter Ausdrücke

Geschachtelte Ausdrücke erlauben die schnelle Suche nach komplexen Wortkombinationen.

Beispiel
Die Suche nach „Motor AND ((Luft OR Wasser) NEAR Kühlung)" findet Seiten, auf denen das Wort Motor sowie entweder Luft und Kühlung oder Wasser und Kühlung nahe beieinander vorkommen.

Es folgen einige grundsätzliche Regeln für die Suche mit geschachtelten Ausdrücken:

- Sie können Ausdrücke in einer Suchanfrage mit Hilfe von Klammern schachteln. Die Klammern werden bei der Suche zuerst ausgewertet.
- Wenn eine Suchanfrage nicht geschachtelt ist, wird die Anfrage von links nach rechts abgearbeitet.
- Beispiel: „Kreiskolben* NOT Kreiskolbenmotor OR Wankel" findet Seiten, die Kreiskolben, aber nicht Kreiskolbenmotor enthalten sowie alle Seiten, auf denen Wankel vorkommt. Dagegen liefert „Kreiskolben* NOT (Kreiskolbenmotor OR Wankel)" nur die Seiten, die Kreiskolben, aber weder Kreiskolbenmotor noch Wankel enthalten.
- Die maximale Verschachtelungstiefe ist 5.

3.3.8 Ähnliche Wörter suchen

Wenn Sie dieses Merkmal aktivieren, werden auch kleine grammatikalische Abweichungen des Suchbegriffes gefunden. Zum Beispiel werden bei einer Suche nach „add" auch die Begriffe „adds" und „added" gefunden.

- Klicken Sie auf die Registerkarte **Suchen**, geben Sie den Suchbegriff ein und aktivieren Sie das Kontrollkästchen **Ähnliche Wörter suchen**.
- Klicken Sie auf **Themen auflisten**, um die Suche zu starten.
- Wählen Sie das gewünschte Thema aus und klicken Sie auf **Anzeigen**.

Anmerkung
Ähnliche Wörter suchen findet nur die am häufigsten benutzten Wortendungen. Wenn Sie z. B. nach „add" suchen, wird „additive" nicht gefunden.

3.4 Navigationsleiste – Registerkarte Favoriten

Diese Registerkarte zeigt eine Übersicht der angelegten Favoriten.
Um eine Seite aus der Liste anzuzeigen, wählen Sie das gewünschte Thema aus und

- doppelklicken auf den ausgewählten Eintrag oder
- drücken die Eingabetaste oder
- klicken auf die Schaltfläche **Anzeigen**.

Mit der Schaltfläche **Entfernen** wird der momentan ausgewählte Eintrag gelöscht.
Mit der Schaltfläche **Hinzufügen** wird das momentan in der Themenansicht angezeigte Thema in die Favoritenliste aufgenommen.

3.4.1 Angelegte Favoriten

Um einen neuen Eintrag in die Favoritenliste aufzunehmen, wählen Sie das gewünschte Thema aus.
Klicken Sie auf die Registrierkarte **Favoriten** und anschließend auf **Hinzufügen**.

Anmerkung
- Um zu einem Favoriten-Thema zu gelangen, klicken Sie auf die Registerkarte **Favoriten**, wählen den gewünschten Eintrag und klicken auf **Anzeigen**.
- Wenn Sie einen Favoriteneintrag umbenennen wollen, wählen Sie den Eintrag aus und geben Sie in dem Eingabefeld **Aktuelles Thema** einen anderen Namen ein.
- Um ein Favoritenthema zu entfernen, wählen Sie den Eintrag aus und klicken Sie auf **Entfernen**.

3.5 Die Themenansicht und ihre Komponenten

In der Themenansicht wird das aktuell gewählte Thema angezeigt. Abhängig vom Thema können in dem eigentlichen Text verschiedenartige Objekte eingebettet sein:

3.5.1 Verknüpfungen (Links, Hyperlinks)

Sehr häufig werden Sie eingefärbte Textstellen finden, die zusätzlich unterstrichen erscheinen, wenn Sie mit der Maus darüberfahren. Ein Klick auf diese Verknüpfung führt Sie zu einer anderen Stelle im DUBBEL interaktiv 2.0. Das kann eine Grafik, eine Tabelle oder eine andere Textstelle sein.

- Orange gefärbte Verknüpfungen sind festgelegt und können nicht verändert werden.
- Sie können mit dem Befehl **Hyperlink erzeugen** eigene Verknüpfungen anlegen. Diese erscheinen dann grün.

Beispiel

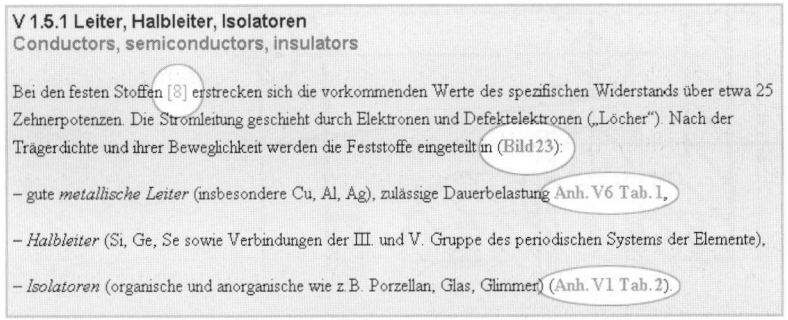

3.5.2 Bilder

Bei den Abbildungen verwandelt sich der Mauszeiger in eine Hand mit gestrecktem Zeigefinger, wenn Sie mit der Maus darüberfahren. Bei einem Klick auf diese Abbildungen öffnet sich ein Grafikfenster, in dem Sie die Vergrößerungsstufe durch Klicken auf 🔍 bzw. 🔍 frei wählen können.

Sie können Bilder in ein anderes Dokument kopieren, indem Sie mit der rechten Maustaste in das Bild klicken, aus dem Popup-Menü die Funktion **Kopieren** auswählen und dann über die Zwischenablage in das gewünschte Dokument einfügen. Arbeiten Sie mit Word 2000, dann wählen Sie, um die Daten aus der Zwischenablage in Ihr Dokument einzufügen, im Menü **Bearbeiten** den Eintrag **Inhalte einfügen** und in dem sich dann öffnenden Fenster markieren Sie **geräteunabhängiges Bitmap** und klicken auf **OK**.

Beispiel

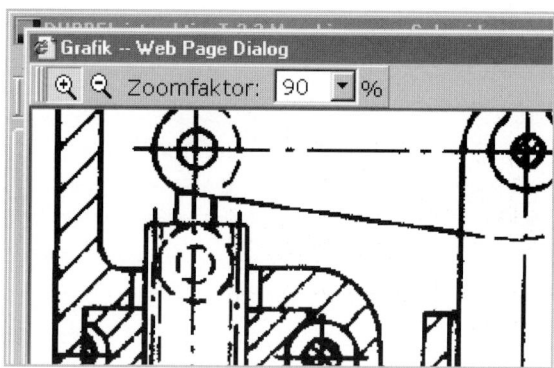

3.5.3 Bilder und Tabellen mit Interpolator

Mit dem Interpolator können Sie aus linearen Graphen Koordinaten erhalten.

Bei einigen Abbildungen (insbesondere Tabellen und Diagrammen) finden Sie links oben dieses Zeichen:

Diese Abbildungen besitzen einen **Interpolator**. Durch einen Mausklick kann von jedem Punkt in dem Diagramm der x,y-Wert in einem Popup-Menü angezeigt werden.

Beispiel

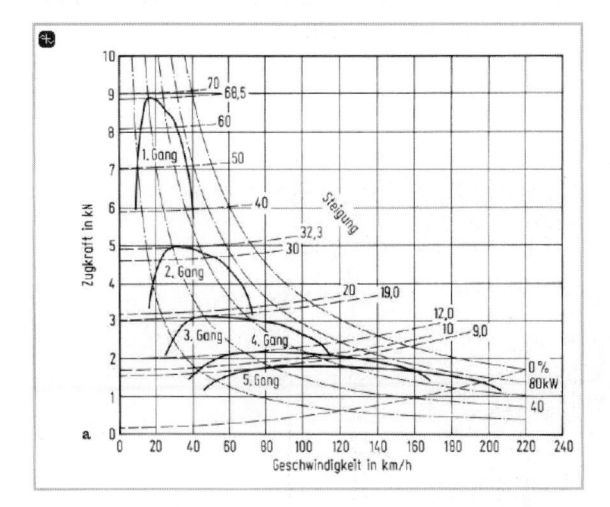

3.5.4 Aktive Formeln in freistehenden Formelzeilen

Auf zahlreichen Seiten finden Sie rot hervorgehobene Formeln.

Bei einem Klick auf das Symbol ▶ öffnet sich der *Rechner* des DUBBEL interaktiv 2.0, und die Formel wird dort eingefügt. Sie haben dann die Möglichkeit, den mathematischen Ausdruck vielfältig zu manipulieren und Berechnungen durchzuführen.

Für weitere Informationen zur Bedienung siehe Kap. 5.

Bei einem Klick auf das Symbol ▶ erhalten Sie Erklärungen über die in der jeweiligen Formel benutzen Parameter.

In grün hervorgehobenen Formeln können Sie nur die Parametererklärungen einsehen.

Beispiel

```
Der Rollwiderstand entsteht aus der Formänderungsarbeit am Reifen und Fahrbahn
```

$$F_{Ro} = f \cdot G = f \cdot m \cdot g$$

F_{Ro} – Rollwiderstand
f – Rollwiderstandsbeiwert
m – Fahrzeugmasse
g – Erdbeschleunigung
G – Fahrzeuggewicht

```
Bearbeiten  Operation  Annahme  αβ..Ω  +..-..=  d/dx..f..Σ  ▦..!..σ  {}..n..y  sin..cos  ?
```

$$F_{Ro} = f \cdot G$$
$$F_{Ro} = f \cdot m \cdot g$$

3.5.5 Aktive Formeln im Fließtext

Rot hervorgehobene Formeln im Fließtext haben keine Symbole zum Anklicken. Sie können den Rechner starten oder die Parametererklärung einsehen, indem Sie mit der linken Maustaste auf die Formel klicken und die gewünschte Funktion aus dem Popup-Menü auswählen. Sind die Formeln im Text grün hervorgehoben, so können Sie nur die Parametererklärungen einsehen.

Beispiel

Im Bereich konstanter Längs- oder Normalkraft $F_N = F$ gilt für Spannung, Dehn
$\sigma = F_N/A;\ \varepsilon = du/dx = \Delta l/l = \sigma/E;\ u(x)=(\sigma/E)x;\ u(l) = \Delta l = \varepsilon l =$
wird hier u Parameter den immer als gültig vorausgesetzt. Nach C1.1.3 ist die For Rechner
$$W = (1/2) \int \sigma\varepsilon\, dV = \sigma^2 Al/(2E) = F_N^2 l/(2EA).$$

3.5.6 Aktive Grafiken

Auf einigen Seiten finden Sie ein eingebettetes Fenster mit einem oder mehreren Funktionsgraphen. Hier haben Sie Möglichkeit, die Größe der angezeigten Grafik durch Klicken auf ⊕ bzw. ⊖ zu verändern.

Wenn Sie den Button ☐ aktivieren, können Sie mit gedrückter linker Maustaste ein Rechteck im Grafikfenster aufziehen. Beim Loslassen der Maustaste wird der ausgewählte Bereich auf die volle Fenstergröße vergrößert.

Ein Mausklick auf abc öffnet eine Dialogbox zum Ändern verschiedener Parameter.

Die Originalansicht erhalten Sie durch Drücken von •←.

Beispiel

Bild 2. Wärmedurchgang durch eine ebene, mehrschichtige Wand

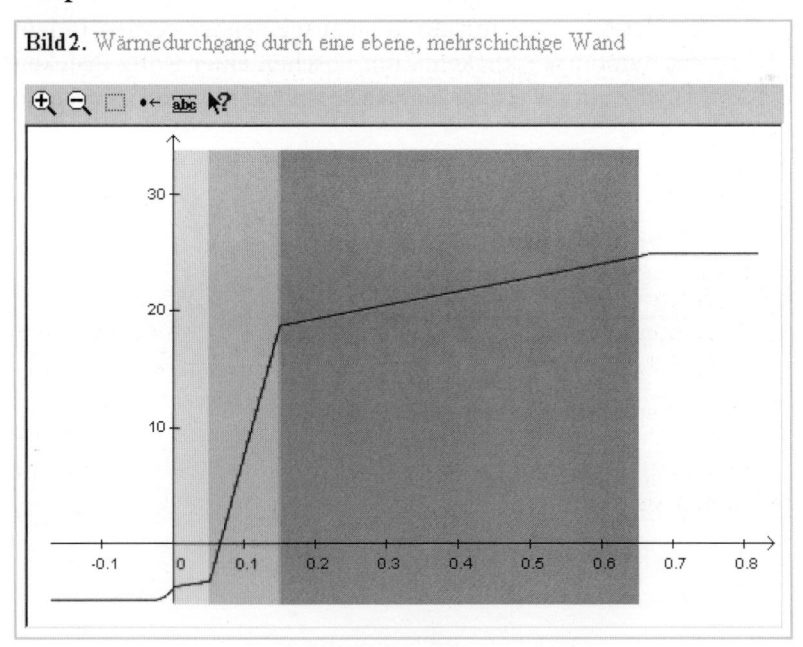

3.5.7 Videos

Auf einigen Seiten finden Sie eingebettete Videofilme. Unter dem Startbild des Films befinden sich Schaltflächen, mit denen Sie die Vorführung starten oder anhalten. Mit Hilfe des Schiebereglers können Sie an eine beliebige Stelle des Films fahren.

Beispiel

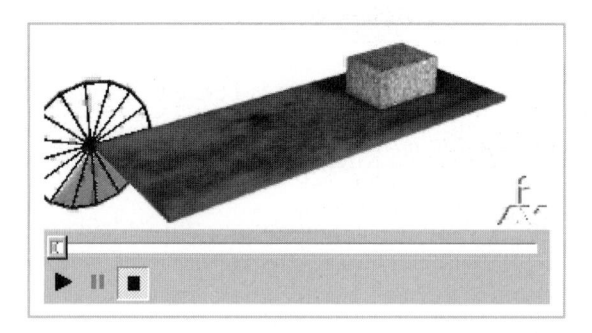

3.5.8 Notizen

Sie können auf jeder Seite eine oder mehrere Notizen anlegen. Diese werden gespeichert und sind bei der nächsten Sitzung mit DUBBEL interaktiv 2.0 wieder verfügbar.

Der Text der Notizen kann ein- oder ausgeblendet werden, indem Sie auf das Symbol klicken. Zum Löschen einer Notiz drücken Sie im Eingabefeld die rechte Maustaste und wählen **Notiz löschen**.

Beispiel

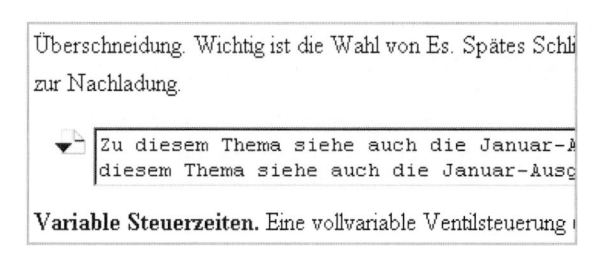

3.6 Die Symbolleiste

Die Symbolleiste wird horizontal oben im Anwendungsfenster unterhalb der Menüleiste angezeigt. Damit kann per Mausklick schnell auf viele Tools von DUBBEL interaktiv 2.0 zugegriffen werden.

Um die Symbolleiste ein- oder auszublenden, können Sie aus dem Menü *Ansicht* den Befehl *Symbolleiste* auswählen (ALT, A, S).

Im Folgenden werden die einzelnen Schaltflächen der Symbolleiste mit ihrer jeweiligen Funktion erläutert:

- Zeigt die zuletzt angezeigte Seite.
- Zeigt die nächste aus der Liste bereits angezeigter Seiten.
- Zeigt die nächste Seite im DUBBEL interaktiv 2.0.
- Zeigt die vorherige Seite im DUBBEL interaktiv 2.0.
- Findet das aktuelle angezeigte Thema in der Registrierkarte **Inhalt**.
- Lädt das aktuelle Thema erneut vom Datenträger.
- Kopiert die markierten Daten in die Zwischenablage.
- Druckt das aktive Dokument.
- Erzeugt eine Notiz auf der aktuellen Seite.
- Erzeugt einen Hyperlink auf der aktuellen Selektion.
- Erklärt die aktuelle Seite zum Ziel des zuletzt erzeugten Hyperlinks.
- Aktiviert die Kontexthilfe.

3.7 Die Menüs

Über die Menüs können die einzelnen Funktionen gesteuert werden. Im Folgenden werden die einzelnen Funktionen erläutert sowie – falls vorhanden – zugehörige Tastaturkürzel angegeben.

3.7.1 Menü Datei

Sichern unter

Tastatur: STRG+S

Verwenden Sie diesen Befehl, um die aktuelle Seite zu speichern.

Dabei stehen folgende Möglichkeiten zur Verfügung:

Webseite, nur HTML	Die Seite wird im HTML-Format gespeichert und kann später mit einem geeigneten Browser betrachtet werden. Bilder und andere eingebettete Objekte werden nicht mitgespeichert
Webseite, komplett	Die Seite wird im HTML-Format gespeichert und kann später mit einem geeigneten Browser betrachtet werden. Weiterhin wird versucht, Bilder und andere eingebettete Objekte separat in einem Ordner zu speichern. Aus technischen Gründen funktioniert das leider nicht immer. Wenn Sie sicherstellen wollen, dass die Seite tatsächlich vollständig gespeichert wird, verwenden Sie die nächste Möglichkeit.
Web-Archiv	Die Seite wird im Webarchiv-Format gespeichert und kann später nur mit Browsern betrachtet werden, die dieses Format auswerten können (z. B. Microsoft Internet Explorer). Bilder werden mitgespeichert. Abhängig vom Inhalt der aktuellen Seite können diese Dateien sehr groß werden.
Textdatei	Die Seite wird im Textformat gespeichert und kann später mit jedem geeigneten Programm gelesen werden. Bilder werden nicht mitgespeichert und die meisten Textformatierungseigenschaften gehen verloren.

Seite einrichten

Verwenden Sie diesen Befehl, um grundlegende Einstellungen für den Ausdruck vorzunehmen.

Dazu gehören Papiergröße, Seitenränder und Aussehen der Kopf- und Fußzeilen.

Seitenansicht

Verwenden Sie diesen Befehl, um eine Druckvorschau der aktuellen Seite zu erhalten. So können Sie den Umfang des Ausdrucks sowie die Position der Seitenumbrüche und der Grafiken vor dem eigentlichen Ausdruck überprüfen.

Drucken

Tastatur: STRG+P

Mit diesem Befehl können Sie eine oder mehrere Seiten oder Teile der aktuellen Seite ausdrucken.

Beenden

Tastatur: ALT+F4

Verwenden Sie diesen Befehl zum Beenden Ihrer Sitzung mit DUBBEL interaktiv 2.0.

Alternativ dazu können Sie aus dem Systemmenü der Anwendung den Befehl **Schließen** wählen oder mit der Maus auf das Kreuz in der Systemleiste rechts oben doppelklicken.

3.7.2 Menü Bearbeiten

Rückgängig

Tastatur: STRG+Z oder ALT+ENTF

Verwenden Sie diese Option, um die letzte Bearbeitungsaktion rückgängig zu machen, wenn dies möglich ist. Abhängig von der zuletzt ausgeführten Aktion verändert sich der Name dieses Befehls.

Falls die letzte Aktion nicht rückgängig zu machen ist, ändert sich im Menü der Befehl **Rückgängig** in **Rückgängig nicht möglich**.

Wiederherstellen

Tastatur: STRG+Y oder ALT+W

Verwenden Sie diese Option, um die zuletzt **rückgängig** gemachte Bearbeitungsaktion erneut durchzuführen, wenn dies möglich ist.

Kopieren

Tastatur: STRG+C

Verwenden Sie diesen Befehl, um markierte Daten in die Zwischenablage zu kopieren. Der Befehl kann nicht ausgewählt werden, wenn momentan keine Daten markiert sind.

Das Kopieren von Daten in die Zwischenablage ersetzt die Daten, die sich zuvor darin befanden.

Alles markieren

Tastatur: STRG+A

Verwenden Sie diesen Befehl, um die gesamte Seite auszuwählen.

Das Kommando **Kopieren** wirkt dann auf die gesamte Seite.

Im Thema suchen

Tastatur: STRG+F

Verwenden Sie diesen Befehl, um einen Begriff in der aktuelle Seite zu suchen.

Wenn Sie im gesamten DUBBEL interaktiv 2.0 suchen möchten, benutzen Sie die verschiedenen Suchmöglichkeiten der Registerkarte **Suchen** in der Navigationsleiste.

3.7.3 Menü Ansicht

Im Inhaltsverzeichnis anzeigen

Verwenden Sie diesen Befehl, um die aktuelle Seite in der Registrierkarte **Inhalt** zu finden.

Wenn Sie mehrfach mit den Befehlen aus dem Menü **Gehe** navigiert haben, zeigt die Registrierkarte **Inhalt** unter Umständen nicht die aktuelle Position im DUBBEL interaktiv 2.0 an. Mit diesem Befehl wird die Position abgeglichen. Falls nötig, werden dabei Abschnitte geöffnet und entsprechend gescrollt.

Aktualisieren

Verwenden Sie diesen Befehl, um die aktuelle Seite erneut zu laden.

Dies kann nach Druckaufträgen sinnvoll sein, da Bilder und Formeln für den Druckvorgang in besonderer Form aufbereitet werden, die unter Umständen am Bildschirm schlechter lesbar ist. Durch den Befehl **Aktualisieren** wird der Originalzustand wieder hergestellt.

Symbolleiste

Verwenden Sie diesen Befehl zum Ein- oder Ausblenden der Symbolleiste. Die Symbolleiste enthält einige Schaltflächen für die gebräuchlichsten Befehle des DUBBEL interaktiv 2.0. Wenn die Symbolleiste angezeigt wird, erscheint ein Häkchen neben diesem Menüeintrag.

Hilfe zum Gebrauch der Symbolleiste finden Sie in Abschn. 3.6.

Statusleiste

Verwenden Sie diesen Befehl, um die Statusleiste ein- oder auszublenden. Die Statusleiste beschreibt die Aktion, die vom ausgewählten Menüeintrag oder einer gedrückten Schaltfläche der Symbolleiste ausgeführt wird. Falls die Statusleiste angezeigt wird, erscheint ein Häkchen neben dem Menüeintrag dieses Befehls.

3.7.4 Menü Gehe
Zurück

Tastatur: ALT + ←

Verwenden Sie diesen Befehl, um zur zuletzt angezeigten Seite zurückzukehren.

Eine Liste aller bereits angezeigten Seiten finden Sie im unteren Teil des Menüs **Gehe**.

Wenn Sie eine Seite im DUBBEL interaktiv 2.0 zurückgehen möchten, benutzen Sie den Befehl **Vorherige Seite**.

Vorwärts

Tastatur: ALT + →

Verwenden Sie diesen Befehl, um die nächste bereits angezeigte Seite zu betrachten.

Eine Liste aller bereits angezeigten Seiten finden Sie im unteren Teil des Menüs **Gehe**.

Wenn Sie eine Seite im DUBBEL interaktiv 2.0 vorwärts gehen möchten, benutzen Sie den Befehl **Nächste Seite**.

Nächste Seite

Tastatur: ALT + ↓

Verwenden Sie diesen Befehl, um zur nächsten Seite im DUBBEL interaktiv 2.0 zu gelangen.

Wenn Sie eine Seite in der **Liste aller bereits angezeigten Seiten** vorwärts gehen möchten, benutzen Sie den Befehl **Vorwärts**.

Vorherige Seite

Tastatur: ALT + ↑

Verwenden Sie diesen Befehl, um zur vorherigen Seite im DUBBEL interaktiv 2.0 zu gelangen.

3.7.5 Menü Anmerkungen
Notiz anbringen

Benutzen Sie diesen Befehl, um auf der aktuellen Seite eine Notiz anzulegen.

Die Position der neuen Notiz ist abhängig von der momentanen Selektion. Wenn nichts selektiert ist, wird die Notiz oben auf der Seite angelegt. Ansonsten wird sie an der nächstmöglichen Stelle unterhalb der aktuellen Selektion erzeugt (im allgemeinen unterhalb des Absatzes).

Zum Löschen einer Notiz drücken Sie im Eingabefeld die rechte Maustaste und wählen Notiz löschen.

Hyperlink erzeugen
Benutzen Sie diesen Befehl, um auf der aktuellen Seite einen Link anzulegen.

Der selektierte Teil der Seite wird nach Ausführung des Befehls grün einfärbt und Sie werden aufgefordert, zur gewünschten Zielseite dieses Links zu navigieren und dort den Befehl **Hyperlink auf diese Seite setzen** auszuführen.

Zum Löschen eines Links drücken Sie über einem Link die rechte Maustaste und wählen Hyperlink löschen.

Dieser Befehl steht nur dann zur Verfügung, wenn auf der aktuellen Seite etwas selektiert ist.

Hyperlink auf diese Seite setzen
Benutzen Sie diesen Befehl, um die aktuelle Seite als Ziel eines vorher angelegten Hyperlinks festzulegen. Nach der Ausführung dieses Befehls wird zurück zu der Seite gesprungen, auf der sich der Link befindet.

Beim späteren Mausklick auf den angelegten Link gelangen Sie auf diese Seite.

Dieser Befehl ist nur dann verfügbar, wenn Sie vorher den Befehl **Hyperlink erzeugen** ausgeführt haben und die aktuell angezeigte Seite von der mit dem angelegten Link verschieden ist.

3.7.6 Menü Hilfe
Hilfethemen

Tastatur: F1

Verwenden Sie diesen Befehl, um den Inhaltsbildschirm der Hilfe darstellen zu lassen. Von diesem Bildschirm aus können Sie zu Anweisungen springen, die Ihnen Schritt für Schritt die Verwendung von DUBBEL interaktiv 2.0 zeigen, oder sich verschiedene Referenzinformationen anschauen.

DUBBEL im Internet
Die Untereinträge führen Sie direkt zu den Internetseiten des DUBBEL bzw. des Springer-Verlages.

Info
Dieser Befehl zeigt Ihnen den Copyright-Hinweis und die Versionsnummer Ihrer Kopie von DUBBEL interaktiv 2.0.

3.8 Die Tastaturkürzel

Die folgenden Tastaturkürzel stehen im DUBBEL interaktiv 2.0 zur Verfügung:

Allgemein

Um	Drücken Sie
DUBBEL interaktiv 2.0 zu beenden	ALT + F4
zwischen DUBBEL interaktiv 2.0 und anderen Programmen umzuschalten	ALT + TAB
zu drucken	ALT + D, und dann D
zurück zum vorherigen Thema zu gelangen	ALT + ←
zum nächsten (bereits gesehenen) Thema zu gelangen	ALT + →
die aktuelle Seite nochmals zu laden	F5
in die aktuelle Seite zu scrollen	↑ und ↓ unten, Bild↑ und Bild↓
zur nächsten Verknüpfung im aktuellen Thema zu gelangen	TAB

Für die Registerkarte **Inhalt**:

Um	Drücken Sie
die Registerkarte *Inhalt* anzuzeigen	ALT + I
ein Unterthema zu öffnen bzw. schließen	+- bzw. --Zeichen oder → bzw. ←
ein Thema auszuwählen	↑ bzw. ↓
das ausgewählte Thema anzuzeigen	ENTER

Für die Registerkarte **Index**:

Um	Drücken Sie
die Registerkarte *Index* anzuzeigen	ALT + N
einen Suchbegriff einzugeben	ALT + N
einen Eintrag in der Ergebnisliste auszuwählen	↑ bzw. ↓
das ausgewählte Thema anzuzeigen	ENTER

Für die Registerkarte **Suchen**:

Um	Drücken Sie
die Registerkarte *Suchen* anzuzeigen	ALT + S
einen Suchbegriff einzugeben	ALT + S
die Suche zu starten	ALT + L oder ENTER
ein Thema in der Ergebnisliste auszuwählen	↑ bzw. ↓
das ausgewählte Thema anzuzeigen	ENTER
nur in den bereits gefundenen Ergebnissen zu suchen	ALT + U
nach ähnliche Begriffen zu suchen	ALT + M
nur in den Titeln zu suchen	ALT + R

Für die Registerkarte **Favoriten**:

Um	Drücken Sie
die Registerkarte *Favoriten* anzuzeigen	ALT + F
das angezeigte Thema zu den Favoriten hinzuzufügen	ALT + A
ein Thema in der Favoritenliste auszuwählen	↑ und ↓
das ausgewählte Thema anzuzeigen	ENTER
das ausgewählte Thema aus der Favoritenliste entfernen	ALT + E

Anmerkungen
- Für die Menükommandos gelten ebenfalls die in Microsoft Windows üblichen Tastaturkürzel.
- Tastaturkürzel funktionieren auch in sekundären Fenstern oder Aufklappfenstern.
- Die Funktion mancher Tastaturkürzel ist davon abhängig, welcher Fensterausschnitt gerade den Fokus hat. Falls ein Kürzel nicht wie gewünscht funktioniert, klicken Sie mit der Maus in den betreffenden Bereich.

4 Beispiel für ein Problemszenario

In diesem Kapitel des Handbuchs werden Sie die Funktionen von DUBBEL interaktiv 2.0 anhand der Lösung des folgenden Problems kennenlernen:

Ein Ingenieur plant den Bau eines Hauses. Die Bauvorschrift sieht vor, dass der Wärmeverlust des Hauses durch seine Fenster nicht mehr als **11 000 W** betragen darf. Dieser Richtwert für den Wärmeverlust wird für eine **Außenlufttemperatur von −5 °C** und eine **Innenlufttemperatur von +20 °C** gemessen. Der Wärmefluss eines Fensters basiert auf dem **Fourierschen Gesetz**. Der Ingenieur möchte die **Mindestdicke** berechnen, die ein **Fenster von 1 m × 1,5 m** haben muss, um die Vorschrift zu erfüllen. Er verwendet nun DUBBEL interaktiv 2.0, um die Wärmeleitung in Abhängigkeit von der Zeit, also den Wärmefluss, bei verschieden dicken Gläsern zu vergleichen und die minimale Dicke auszuwählen, die er benötigt.

Zur Lösung des Problemszenarios sind folgende Einzelschritte notwendig:

- Suche des entsprechenden Kapitels und der zugehörigen Formel für die Wärmeleitung,
- Analyse und Eingabe der vorgegebenen bekannten Parameter,
- Darstellung der Funktion als Graphik,
- exakte Lösung der Gleichung.

4.1 Einfache Suche

Der erste Schritt zum Ermitteln der richtigen Glasdicke ist dabei, Informationen über das Fouriersche Gesetz und seine Bedeutung für die Wärmeleitung zu finden.

Sie können über die Registerkarte **Suchen** die Suchfunktion nutzen, um den passenden Ausdruck zu finden.

- Geben Sie in die Combobox „Suchbegriff(e) eingeben" den Begriff „Wärmeleitung" ein.
- Durch Drücken der Eingabetaste oder durch Anklicken des Buttons „Themen auflisten" werden alle Themen angezeigt, die den Suchbegriff „Wärmeleitung" beinhalten.

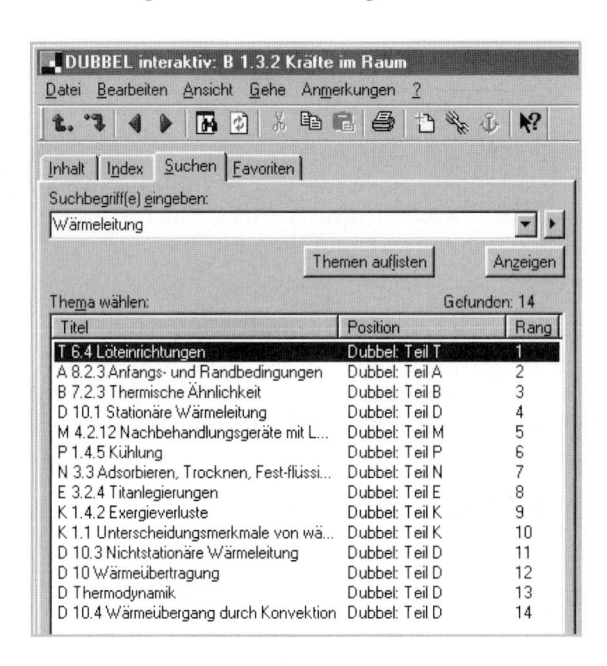

4.2 Erweiterte Suche

Bei der einfachen Suche nach dem Begriff „Wärmeleitung" erhalten Sie eine große Anzahl an Treffern. Sie können nun versuchen, nach einem anderen Ausdruck zu suchen, der diese Auswahl eingrenzt.

- Erweitern Sie den Suchbegriff „Wärmeleitung" mit Hilfe des Boolschen Operators „AND" um den Begriff „Fourier*". Klicken Sie auf den Pfeil-Button rechts neben der Combobox „Suchbegriff(e) eingeben" und wählen Sie dort den entsprechenden Operator aus. Das Zeichen „*" ist ein Platzhalter und steht für alle Buchstabenfolgen, die nach „Fourier" stehen, beispielsweise „Fouriersches Gesetz". Wenn Sie den Platzhalter nicht verwenden, erhalten Sie nur Treffer, in denen der Begriff „Fourier" alleine steht.
- Durch Drücken der Eingabetaste oder durch Anklicken des Buttons „Themen auflisten" werden alle Themen angezeigt, die so-

wohl den Suchbegriff „Wärmeleitung" als auch den Begriff „Fourier" in allen Verwendungsmöglichkeiten beinhalten.
- Wählen Sie den ersten Treffer durch Anklicken aus. Sie sehen, dass die gefundenen Suchbegriffe entsprechend im Text unterlegt sind.

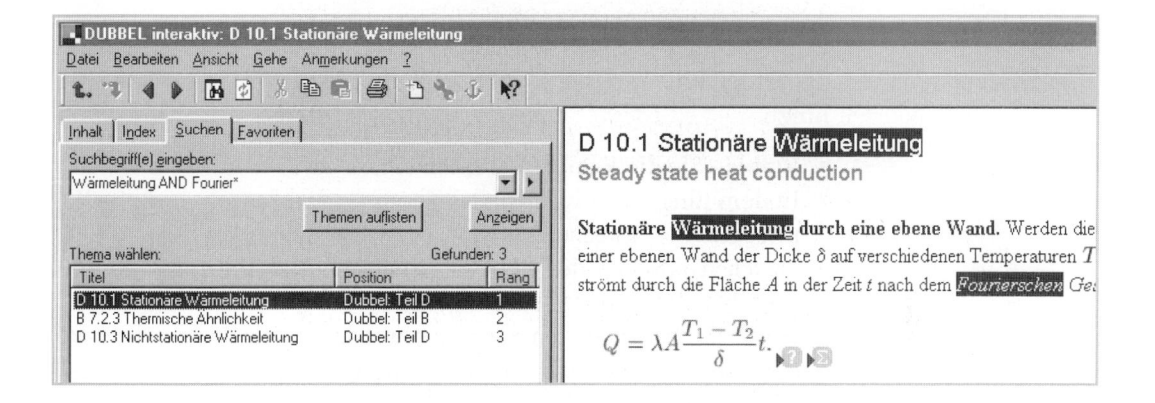

4.3 Suche über Registerkarte Inhalt

Sie können die Gleichung eventuell auch über die Registerkarte **Inhalt** der Themenansicht finden:

In diesem Falle würden Sie

- über das alphabetische Register unter Buchstabe „D" (= Thermodynamik)
- im Unterkapitel „Wärmeübertragung"
- den Untereintrag „D 10.1" (= Stationäre Wärmeleitung)

auswählen. In der Themenansicht erscheint daraufhin die gesuchte Formelbeschreibung.

4.4 Suche über Registerkarte Index

Eine andere Vorgehensweise steht über die Registerkarte **Index** zur Verfügung:

- Geben Sie in das Eingabefeld „Zu suchendes Schlüsselwort" den Begriff ein, nach dem Sie suchen. In unserem Beispiel ist dies „Fourier", da Sie nach dem Fourierschen Gesetz suchen.

- Der Suchbegriff wird im Index gefunden.
- Durch Doppelklicken auf den Eintrag wird die Themenansicht „D 10.1" (= Stationäre Wärmeleitung") angezeigt.

4.5 Anlage von Favoriten

Um bei späteren Nachfragen schnellstens die erforderliche Formel zu finden, fügen Sie das ausgewählte Kapitel zu den Favoriten hinzu.

- Wählen Sie die Registerkarte **Favoriten** aus.
- In dem Eingabefeld „Aktuelles Thema" wird das ausgewählte Kapitel „D 10.1" angezeigt.
- Durch Anklicken des Button „Hinzufügen" wird dieses Kapitel zur Liste der Favoriten hinzugefügt.
- Alle bereits angelegten Favoriten werden in der Liste „Themen" angezeigt und können über die Buttons „Entfernen" und „Anzeigen" gesteuert werden.

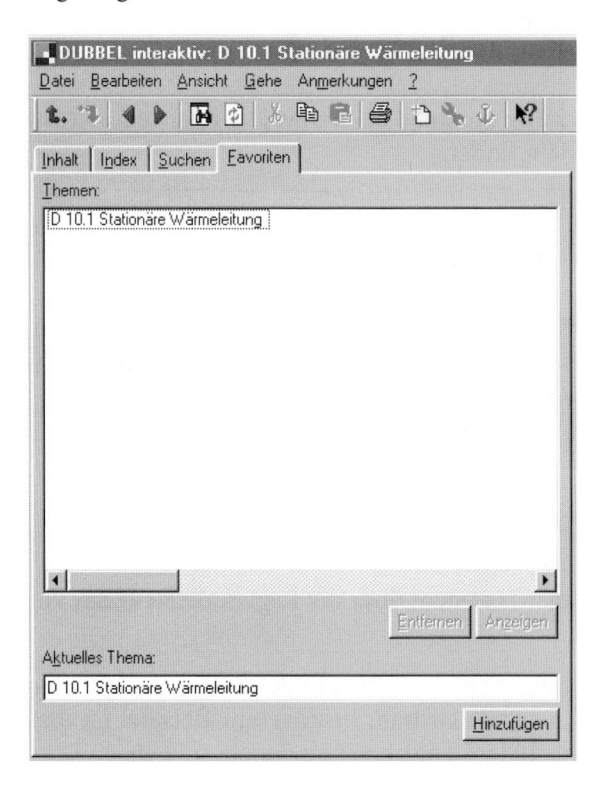

4.6 Einfügen einer Notiz

Über das Menü **Anmerkungen – Notiz anbringen** können Sie auf der aktuellen Seite eine Notiz anbringen.

Die Position der neuen Notiz ist abhängig von der momentanen Selektion. Wenn nichts selektiert ist, wird die Notiz oben auf der Seite angelegt. Ansonsten wird sie an der nächstmöglichen Stelle unterhalb der aktuellen Selektion erzeugt (im Allgemeinen unterhalb des Absatzes).

So fügen Sie eine Notiz zum zweiten Absatz der Seite „D 10.1" ein:

- Markieren Sie in diesem Absatz den Begriff „Wärmeleitfähigkeit".
- Es wird eine neue Notiz unterhalb des Absatzes eingefügt.
- In das Eingabefeld können Sie nun einen entsprechenden Kommentar eingeben.
- Durch Anklicken des blauen Pfeils des Icons können Sie die Notiz schließen. Nur das Icon bleibt im Text sichtbar erhalten. Durch Anklicken des dann erscheinenden roten Pfeils des Icons können Sie die Notiz wieder öffnen.

> Darin ist λ ein Stoffwert (SI-Einheit W/Km), den man *Wärmeleitfähigkeit* nennt (s. Anh. D 10 Tab. 1). bezeichnet $Q/t = \dot{Q}$ als *Wärmestrom* (SI-Einheit W) und $Q/(tA) = \dot{q}$ (SI-Einheit W/m²) als *Wärmestromdichte*. Es ist
>
> $$\dot{Q} = \lambda A \frac{T_1 - T_2}{\delta} \quad \text{und} \quad \dot{q} = \lambda \frac{T_1 - T_2}{\delta}.$$

Zum Löschen einer Notiz drücken Sie im Eingabefeld die rechte Maustaste und wählen **Notiz löschen**.

4.7 Einfügen eines Hyperlinks

Innerhalb von DUBBEL interaktiv 2.0 besteht die Möglichkeit, Hyperlinks zu setzen. Damit können Sie Verknüpfungen zwischen zwei Seiten erstellen.

- In unserem Problemszenario möchten Sie einen Verweis auf eine bestimmte Literatur erstellen.
- Markieren Sie den Begriff „Wärmestromdichte" im dritten Absatz des Themas „D 10.1".
- Über das Menü **Anmerkungen – Hyperlink setzen** erstellen Sie den ersten Teil der Verknüpfung. Der Begriff „Wärmestromdichte" wird grün eingefärbt.
- Sie werden aufgefordert, zur gewünschten Zielseite dieses Links zu navigieren.
- Öffnen Sie in der Registerkarte Inhalt den Punkt „D 12" (= Spezielle Literatur).
- Markieren Sie die Überschrift dieser Seite.
- Über das Menü **Anmerkungen – Hyperlink auf diese Seite setzen** vervollständigen Sie die Verknüpfung.
- Das Programm springt automatisch zum Ausgangspunkt des Hyperlinks zurück.

Zum Löschen eines Links klicken Sie auf diesen mit der rechten Maustaste und wählen **Hyperlink löschen**. Dieser Befehl steht nur dann zur Verfügung, wenn auf der aktuellen Seite etwas selektiert ist.

4.8 Bearbeitung einer aktiven Formel

Die für die Lösung des Problemszenarios benötigte Formel steht unter dem dritten Absatz auf der Seite „D 10.1".

Um eine Liste mit Erklärungen über die in der jeweiligen Formel **benutzten Parameter** anzuzeigen, klicken Sie auf das Symbol .

Durch Anklicken des Symbols öffnet sich der Rechner des DUBBEL interaktiv 2.0 und die Formel wird dort eingefügt. Sie haben dann die Möglichkeit, den mathematischen Ausdruck vielfältig zu manipulieren und Berechnungen durchzuführen.

> bezeichnet $Q/t = \dot{Q}$ als *Wärmestrom* (SI-Einheit W) und $Q/(tA) = \dot{q}$ (SI-Einheit W/m²) als *Wärmestromdichte*. Es ist
>
> $$\dot{Q} = \lambda A \frac{T_1 - T_2}{\delta} \quad \text{und} \quad \dot{q} = \lambda \frac{T_1 - T_2}{\delta}.$$
>
> $\dot{Q}$ – Wärmestrom
> λ – Wärmeleitfähigkeit
> A – durchströmte Fläche
> T_1, T_2 – Temperatur
> δ – Wanddicke
> $\dot{q}$ – Wärmestromdichte
>
> Bearbeiten Operation Annahme αβ..Ω +.-.= d/dx ∫.Σ ▦ ./.ℴ {}.∩.y sin..cos ?
>
> $$\dot{Q} = \lambda \cdot A \cdot \frac{T_1 - T_2}{\delta}$$
>
> $$\dot{q} = \lambda \cdot \frac{T_1 - T_2}{\delta}$$

Der nächste Schritt zur Lösung des Problemszenarios ist, die im Rechner angezeigte Gleichung zu bearbeiten.

- Als erstes benötigen Sie den Wert für die Konstante „Wärmeleitfähigkeit von Glas". Diese können Sie über den zugehörigen Hyperlink „Anh. D 10 Tab. 1" im dritten Absatz dieser Seite ermitteln.
- Durch Anklicken dieses Hyperlinks wechseln Sie direkt auf die entsprechende Seite. In der dortigen Tabelle finden Sie die Wärmeleitfähigkeit für feste Körper bei 20 °C, der für Glas hat den Wert „0.81".

Anh. D 10 Tabelle 1. Wärmeleitfähigkeiten λ in W/Km

Feste Körper bei 20 °C

Silber	458
Kupfer, rein	393
Kupfer, Handelsware	350…370
Gold, rein	314
Aluminium (99,5%)	221
Magnesium	171
Messing	80…120
Platin, rein	71
Nickel	58,5
Eisen	67
Grauguß	42…63
Stahl 0,2% C	50
Stahl 0,6% C	46
Konstantan, 55% Cu, 45% Ni	40
V2A, 18% Cr, 8% Ni	21
Monelmetall 67% Ni, 28% Cu, 5% Fe+Mn+Si+C	25
Manganin	22,5
Graphit, mit Dichte und Reinheit steigend	12…175
Steinkohle, natürlich	0,25…0,28
Gesteine, verschiedene	1…5
Quarzglas	1,4…1,9
Beton, Stahlbeton	0,3…1,5
Feuerfeste Steine	0,5…1,7
Glas (2 500)[a])	0,81
Eis, bei 0 °C	2,2
Erdreich, lehmig feucht	2,33

- Kehren Sie über den Befehl **Gehe – Zurück** zur Ausgangsposition zurück.
- Öffnen Sie nun den Rechner erneut.
- Klicken Sie mit der linken Maustaste auf die Konstante der Wärmeleitfähigkeit, drücken Sie Entfernen. An Stelle des „?"geben Sie den Wert „**0.81**" ein.
- Klicken Sie mit der linken Maustaste auf A (= durchströmte Fläche), drücken Sie Entfernen. An Stelle des „?"geben Sie den Wert „**1.5**" ein, da die Fensterfläche 1 m × 1,5 m beträgt.
- Klicken Sie mit der linken Maustaste auf T_1 (= Temperatur 1), drücken Sie Entfernen. An Stelle des „?"geben Sie den Wert „**20**" ein, da die Innenlufttemperatur einen Wert von + 20 °C hat.

- Klicken Sie mit der linken Maustaste auf $-T_2$ (= Temperatur 2), drücken Sie Entfernen. An Stelle des „?" geben Sie den Wert „+5" ein, da die Außentemperatur einen Wert von $-5\,°C$ hat.
- Markieren Sie die gesamte Gleichung durch Klicken auf = (Gleichheitszeichen) und drücken Sie die Eingabetaste.
- Es erscheint der Befehl **Auswerten**. Durch erneutes Drücken der Eingabetaste wird die Gleichung vereinfacht, also alle numerischen Ausdrücke werden zusammengefasst.

$$\dot{Q} = 0{,}81 \cdot 1{,}5 \cdot \frac{20 + 5}{\delta}$$

◊ **Auswerten**

$$\Rightarrow \dot{Q} = \frac{30{,}375}{\delta}$$

$$\dot{q} = \lambda \cdot \frac{T_1 - T_2}{\delta}$$

4.9 Graphische Darstellung einer Formel

Zusätzlich zu seinen algebraischen Funktionen verfügt der Rechner über Werkzeuge, die es erlauben, komplizierte mathematische Informationen graphisch darzustellen.

- Zur besseren Lesbarkeit der Achsenbeschriftung sind zunächst folgende Schritte notwendig: Ersetzen Sie $\dot{Q}$ durch vollständige Markierung und über das Menü **Operation – Ersetzen** des Rechners durch q.
- Ändern Sie „δ" durch vollständige Markierung und über das Menü **Operation – Ersetzen** des Rechners durch „delta".
- Markieren Sie die gesamte Gleichung durch Klicken auf = (Gleichheitszeichen).
- Über das Menü **Operation – Zeichnen – Implizite Funktion** wird die Erstellung einer entsprechenden Graphik vorbereitet.

4 Beispiel für ein Problemszenario

```
Bearbeiten   Operation   Annahme   αβ..Ω   +.-.=   d/dx ∫·Σ   ▦·!·σ   {}·∩·∀   sin..cos   ?
```

$\dot{Q} = 0.81 \cdot 1.5 \cdot \dfrac{20+5}{\delta}$

◊ Auswerten

$\Rightarrow \dot{Q} = \dfrac{30.375}{\delta}$

◊ Ersetze $\dot{Q}$ durch q

$\Rightarrow q = \dfrac{30.375}{\delta}$

◊ Ersetze δ durch delta

$\Rightarrow q = \dfrac{30.375}{\text{delta}}$

◊ **Implizite Funktion zeichnen**

$\dot{q} = \lambda \cdot \dfrac{T_1 - T_2}{\delta}$

- Drücken Sie nun die Eingabetaste. Die Graphik wird erstellt.

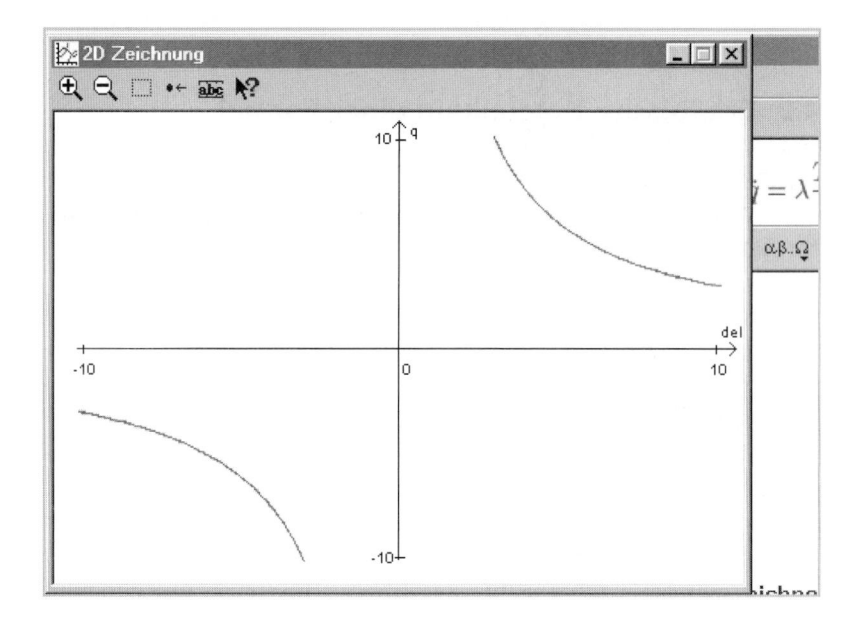

- Die Einheiten für q sind in 1000W und für delta (= Dicke) in cm angegeben.
- Um die Darstellungsform, d. h. die Dimensionen der Achsen, zu variieren, können Sie über das Icon [abc] einen Dialog aufrufen.

- In diesem Dialog sind sowohl der Minimum- als auch der Maximum-Bereich der Achsen anzugeben.

Betrachtet man die in der Graphik dargestellten Daten, sieht man, dass die Mindestdicke für das Glas ca. 0,28 cm beträgt. Dieser Graph gibt jedoch nur einen Näherungswert für die Glasdicke an.

Mit den Rechenfunktionen in DUBBEL interaktiv 2.0 können Sie die exakte Lösung errechnen.

4.10 Lösung des Problemszenarios

Der Rechner ist in der Lage, mit mathematischen Ausdrücken auf symbollogische oder algebraische Weise zu arbeiten.

Um das Problemszenario zu lösen, benötigen Sie nur eine algebraische Verknüpfung. Das Fouriersche Gesetz kann durch das Gleichsetzen zweier Ausdrücke gelöst werden.

In unserem Beispiel ist die maximal erlaubte Wärmeleitung durch 11 000 W vorgegeben. In dem Rechner ist in der Gleichung das $\dot{Q}$ durch 11 000 zu ersetzen.

- Ändern Sie $\dot{Q}$ durch vollständige Markierung und über das Menü **Operation – Ersetzen** des Rechners durch „11000".

Unter dem Menü **Operation** befinden sich nicht nur Editier-Befehle, sondern auch Möglichkeiten, Gleichungen zu lösen.

- Über das Menü **Operation – Lösen – Gleichung – Exakt** werden Sie gefragt, nach welcher Variablen die Gleichung gelöst werden soll.
- Geben Sie an Stelle des „?" die Variable „δ" an.
- Drücken Sie nun die Eingabetaste. Das Ergebnis wird exakt berechnet und angezeigt.

```
Bearbeiten  Operation  Annahme  α.β..Ω  +.-.-.=  d/dx ∫·Σ  ⌷·/·⌀  {}·n·√  sin..cos  ?
```

$\dot{Q} = 0.81 \cdot 1.5 \cdot \dfrac{20 + 5}{\delta}$

◊   Auswerten

$\Rightarrow \dot{Q} = \dfrac{30.375}{\delta}$

◊   Ersetze $\dot{Q}$ durch 11000

$\Rightarrow 11000 = \dfrac{30.375}{\delta}$

◊   Gleichung exakt Lösen nach δ

$\Rightarrow \{0.002761363636\}$

$\dot{q} = \lambda \cdot \dfrac{T_1 - T_2}{\delta}$

Die Lösung ist in [m] angegeben, da in der obigen Gleichung die Norm-Dimensionierungen verwendet wurden.

5 Der Rechner des DUBBEL interaktiv 2.0

Der Rechner in DUBBEL interaktiv 2.0 ist ein **Symbolisches Rechensystem**. Es wird so bezeichnet, weil das zugrundeliegende Programm MuPAD® sowohl mit Zahlen als auch mit Symbolen rechnen kann.

Verwenden Sie das Rechnen mit Symbolen, um analytische Lösungen zu zahlreichen Problemen der Mathematik zu erhalten, wie z. B. Integralen, Differentialgleichungen und Fragestellungen aus der linearen Algebra. Die numerischen Algorithmen geben Näherungswerte und lösen Fragen, für die es keine exakte Lösung gibt.

Eine ausführliche Einführung in die Bedienung und die Funktionen des Rechners ist ebenfalls in elektronischer Form verfügbar. Sie können die Einführung starten, indem Sie auf die Schaltfläche **Start** klicken und dann die Einträge **Programme, DUBBEL interaktiv, Online Tour des DUBBEL Rechners** auswählen.

5.1 Berechnen und Annähern von Werten

Geben Sie anstelle des „?" einen mathematischen Ausdruck an.

Das Drücken der Eingabetaste und Bestätigen des Befehls **Auswerten** vereinfacht den Ausdruck, falls dies möglich ist. Die vereinfachte Gleichung oder Lösung erscheint unterhalb der Ausgangsgleichung.

```
Bearbeiten  Operation  Annahme  αβ..Ω  +.-.=  d/dx ∫ Σ  ▦·!·σ  {}·n·y  sin..cos  ?

3 + 4 + 45
◊  Auswerten
⇒  52
```

5.2 Verwendung von Symbolen

Um eine Gleichung mit Symbolen zu erzeugen, benutzen Sie das Menü **Symbole**.

- Ersetzen Sie das „?" durch ein Symbol aus der Palette.

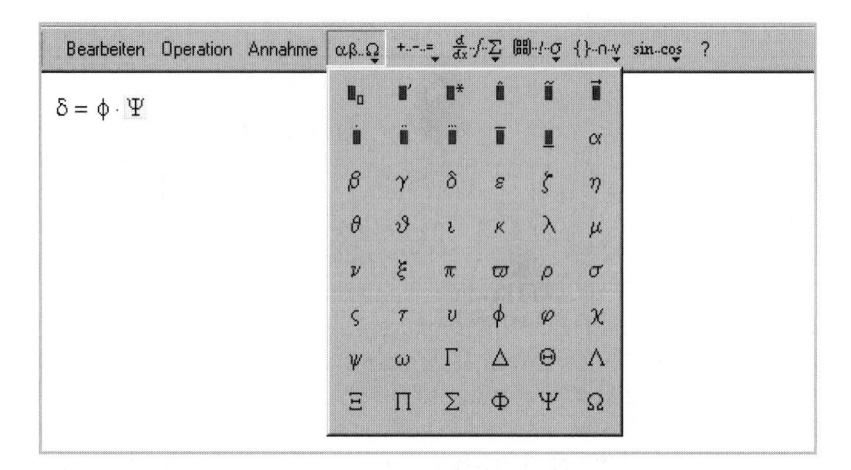

5.3 Arithmetische Operationen

Der Rechner benutzt Standardoperatoren und Klammern, die angeben, wie und in welcher Reihenfolge die Berechnung ausgeführt werden soll.

Operation	Operator	Beispiel	Aussehen am Bildschirm
Addition	+	2+x	2+x
Subtraktion	−	2−x	2−x
Division	/	2/x	$\frac{2}{x}$
Multiplikation	*	2*x	2x
Exponent	^	2^x	2^x

Hinweis
Alle Befehle sind entweder

- über die oben angegebene Syntax oder
- über die Menüsteuerung **Arithmetik** und die entsprechenden Icons zu erreichen.

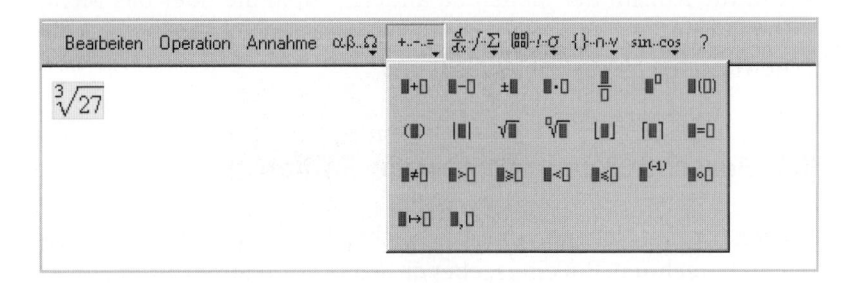

5.4 Berechnungen mit rationalen Zahlen und Dezimalzahlen

Im Rechner können Sie exakte Berechnungen mit rationalen Zahlen durchführen oder Näherungswerte genau auf eine vorher festgelegte Anzahl von Stellen hinter dem Komma ermitteln. Sie können wählen, ob Sie lieber mit rationalen Zahlen (Brüchen) oder lieber mit Dezimalzahlen arbeiten.

Der Rechner gibt die Ergebnisse in dem Format aus, in dem er die Daten erhalten hat.

Beispiel
Nehmen Sie eine Addition zweier Zahlen: Wenn die beiden Zahlen als rationale Zahlen eingegeben werden, dann erscheint auch das Ergebnis in rationalen Zahlen. Wenn mindestens eines der Elemente in einer Rechnung eine Dezimalzahl ist, wird das Ergebnis als Dezimalzahl ausgegeben.

Sie können von einem Ausdruck jederzeit einen Näherungswert in Dezimalform erhalten.

- Über das Menü **Operation – Approximieren** können Sie die Lösung in Dezimalform erhalten. Standardmäßig wird auf 10 Stellen approximiert.
- Um die Anzahl der Stellen zu ändern, rufen Sie über das Menü **Annahme – Genauigkeit ...** einen Dialog auf und geben Sie die gewünschte Stellengenauigkeit ein.

5.5 Berechnungen mit ganzen Zahlen

Nutzen Sie den Rechner, um Ausdrücke, die ganze Zahlen beinhalten, zu berechnen. Ein eingegebener Befehl kann durch zweimaliges Drücken der Eingabetaste ausgewertet werden. Das erste Drücken der Eingabetaste zeigt den Ausdruck auf dem Bildschirm an, das zweite wertet den Ausdruck aus.

Die folgende Tabelle veranschaulicht einige der Befehle und gibt Beispiele für die Syntax, die bei der Eingabe zu beachten ist.

Befehl	Syntax	Beschreibung
abs	abs(–5)	Findet den absoluten Wert eines Ausdrucks
factorial	5! oder factorial(5)	Berechnet die Fakultät einer ganzen Zahl
max, min	max(1,5,7,2) min(3,6,8)	Findet das größte oder kleinste Element einer Menge
sqrt	sqrt(5)	Ermittelt die Quadratwurzel einer positiven Zahl
trunc	trunc(5.445)	Stumpft eine Dezimalzahl auf ihren ganzzahligen Teil ab
frac	frac(4.123)	Entfernt den ganzzahligen Teil einer Dezimalzahl
round	round(5.6)	Rundet zur nächsten ganzen Zahl hin

Hinweis
Alle Befehle sind entweder

- über die oben angegebene Syntax oder
- über die Menüsteuerung **Arithmetik** und die entsprechenden Icons zu erreichen.

5.6 Analytische Elemente und Konstanten

Es gibt eine Reihe analytischer Elemente und Konstanten, die in den Berechnungen Anwendung finden.

- Wählen Sie diese über die Menüsteuerung **Analysis** aus.

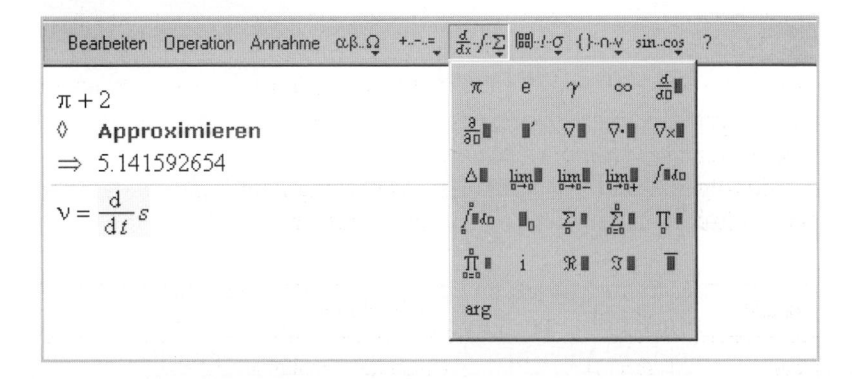

5.7 Lineare Algebra, Statistik

Auch die Berechnung linearer Algebra und Statistik sind mit dem Rechner möglich. Auch hier steht eine entsprechende Palette zur Verfügung.

- Wählen Sie über die Menüsteuerung **Lineare Algebra, Statistik** den gewünschten Befehl aus.

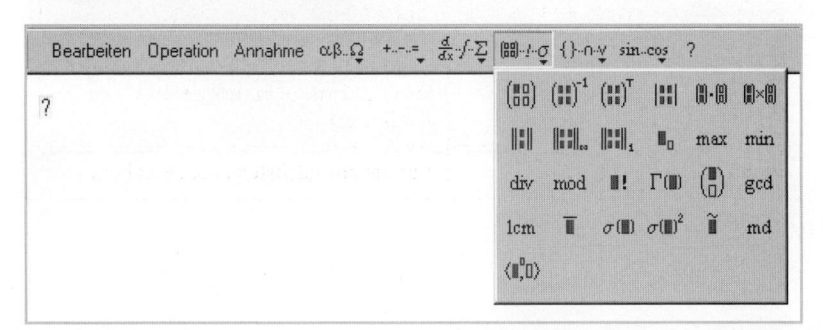

5.8 Mengen, Logik

Auch die Berechnung von Mengen und Logik ist mit dem Rechner möglich. Auch hier steht eine entsprechende Palette zur Verfügung.

- Wählen Sie über die Menüsteuerung **Mengen, Logik** den gewünschten Befehl aus.

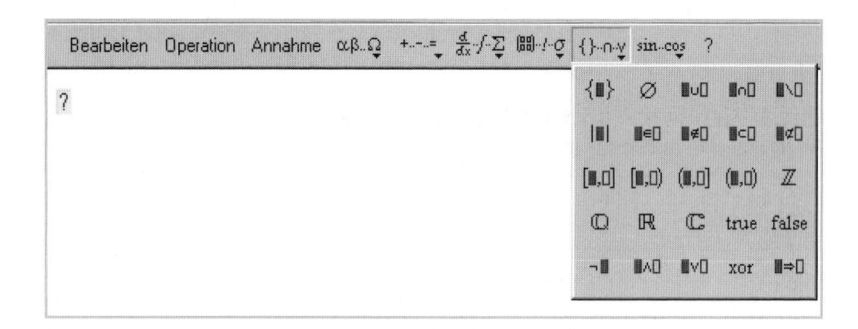

5.9 Spezielle Funktionen

Der Rechner kann enthaltene Unbekannte und Ausdrücke mit Unbekannten interpretieren. Viele dieser Operationen sind mit dem Rechner möglich. Auch hier steht eine entsprechende Palette zur Verfügung.

- Wählen Sie über die Menüsteuerung **Spezielle Funktionen** den gewünschten Befehl aus.

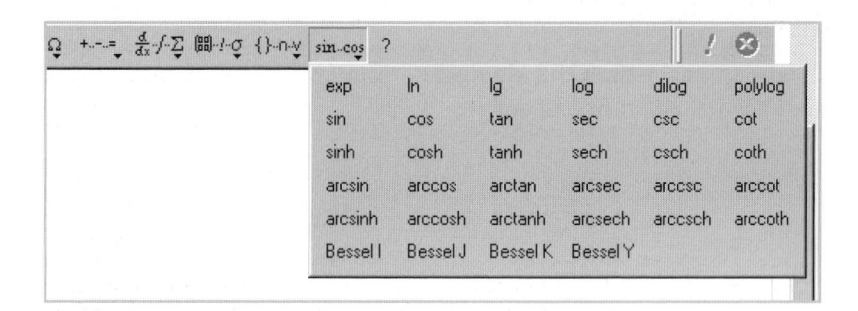

Lizenzvereinbarungen

Ziff.1 Urheber- und Nutzungsrechte

1. Die auf der CD-ROM gespeicherten Daten, das Programm, alle seine Softwarebestandteile, die enthaltenen Bilder, die Texte, die Audio- und Videosequenzen, das Handbuch sowie die Programm- und Datenkonzeption – nachfolgend als Vertragsgegenstände bezeichnet – sind urheberrechtlich geschützt. Alle Rechte hieran stehen im Verhältnis zum Nutzer ausschließlich dem Springer-Verlag zu, sofern in den Nutzungs- und Lizenzbedingungen nicht ausdrücklich auf Ausnahmen hingewiesen wird. Unabhängig hiervon vereinbaren die Vertragspartner hiermit, die Regeln des Urheberrechts auf die Vertragsgegenstände anzuwenden.
2. Der Nutzer hat die nicht ausschließliche schuldrechtliche Befugnis, die Vertragsgegenstände in der in den Bedienungsanleitungen beschriebenen Weise zu benutzen. Alle anderen Nutzungsarten und Nutzungsmöglichkeiten des Vertragsgegenstandes sind unzulässig, insbesondere die Übersetzung, Reproduktion, Dekompilierung, Übertragung in eine maschinenlesbare Sprache und öffentliche Wiedergabe. Dies gilt für die gesamten Vertragsgegenstände und alle ihre Teile. Der Käufer erkennt mit dem Aufruf des Programms die Rechte des Springer-Verlags an dem Programm und sämtlichen Medieninhalten (Patente, Urheberrechte, Geschäftsgeheimnisse) uneingeschränkt an. Das betrifft auch den urheberrechtlichen Schutz an Dokumentationen, die in schriftlicher Form vorliegen oder auf der CD-ROM enthalten sind. Der Käufer darf Urheberrechtsvermerke, Kennzeichnungen und/oder Eigentumsangaben des Springer-Verlags an den Programmen, Medien oder am Dokumentationsmaterial nicht verändern.
3. Der Käufer erwirbt mit diesem Programm das nicht übertragbare und nicht ausschließliche Nutzungsrecht für das Programm. Der Käufer erwirbt das Recht, das Programm zur selben Zeit ausschließlich auf einem Rechner bzw. an einem Arbeitsplatz einzusetzen. Der Käufer verpflichtet sich, das Programm nur für persönliche Zwecke zu nutzen. Eine gewerbliche Nutzung bedarf der Zustimmung des Springer-Verlags.
4. Für die Verwendung des Programms an mehreren unabhängigen Computerarbeitsplätzen oder in Netzwerken mit der Möglichkeit des Zugriffs mehrerer Terminals ist der Erwerb einer Mehrfachlizenz erforderlich. Die Mehrfachlizenz räumt dem Nutzer das Recht ein, die CD-ROM bzw. die Software zur selben Zeit auf mehr als einem Rechner bzw. Arbeitsplatz zu nutzen. Die berechtigten Personen müssen der Institution des Nutzers angehören (z. B. Mitarbeiter eines Unternehmens oder Benutzer der Bibliothek).
Zur Nutzung der Software an mehreren Arbeitsplätzen oder in Netzwerken muss für jeden Arbeitsplatz, an dem die Nutzung möglich ist, eine zusätzliche Lizenz vom Springer-Verlag erworben werden. Diese Lizenz wird durch Erwerb einer entsprechenden Mehrplatz- bzw. Netzwerkversion der CD-ROM und die Zah-

lung des für diese Version jeweils gültigen Kaufpreises erworben. Unterschieden wird dabei die Berechnung nach der Anzahl der eingerichteten Computerarbeitsplätze (Clients) oder der Anzahl der gleichzeitig maximal möglichen Zugriffe auf einen Server (Floating Licence). Im letzteren Fall hat der Nutzer Sorge dafür zu tragen, dass die Anzahl der gleichzeitigen Zugriffe die lizenzrechtlich vereinbarte Zahl nicht übersteigt. Sollte eine Nutzung durch mehr als die vertraglich festgelegte Anzahl an Nutzern erfolgen, so ist der Lizenznehmer verpflichtet, zusätzliche Lizenzen vom Springer-Verlag zu erwerben.

Im Übrigen gelten für die Mehrplatzversion die gleichen Nutzungs- und Registrierungsbedingungen wie für die Einzelplatzversion.

5. Der Nutzer verwahrt die Vertragssache sorgfältig, um den Zugriff Dritter auf die Vertragsgegenstände und deren Missbrauch zu verhindern. Im Übrigen dürfen die Daten der CD-ROM, die Software und die Bedienungsanleitung grundsätzlich nicht vervielfältigt werden.

Ziff. 2 Weitergabe

1. Jede Weitergabe (z. B. Verkauf) der Vertragsgegenstände an Dritte und damit jede Übertragung der Nutzungsbefugnis und -möglichkeit bedarf der schriftlichen Erlaubnis des Springer-Verlags.
2. Voraussetzung für diese Erlaubnis ist, dass der bisherige Nutzer dies schriftlich beantragt und eine Erklärung des nachfolgenden Nutzers vorlegt, dass dieser sich an die Regelung dieses Vertrags gebunden hält. Ab Zugang der Erlaubnis erlischt das Nutzungsrecht des bisherigen Nutzers und die Weitergabe wird zulässig.

Ziff. 3 Registrierung

Durch die Rücksendung der beigefügten Registrierungskarte kann sich der Nutzer beim Springer-Verlag registrieren lassen. Er erhält dann regelmäßig Informationen über Neuausgaben der CD-ROM und ist berechtigt, den Beratungsdienst nach Ziff. 4 in Anspruch zu nehmen.

Ziff. 4 Beratung

1. Der Springer-Verlag eröffnet die Möglichkeit, zu üblichen Arbeitszeiten an Werktagen Fragen in Bezug auf die Nutzung der CD-ROM an den Urheber zu stellen. Ein Rechtsanspruch auf diesen Dienst besteht jedoch nicht. Die Fragen können die Installation, Handhabungs- und Benutzerprobleme betreffen.
2. Anfragen sind schriftlich oder über Mailbox an den Springer-Verlag zu richten. Der Springer-Verlag vermittelt lediglich ungeprüft die Beantwortung durch den Urheber bzw. Hersteller. Die Antworten erfolgen üblicherweise in der Reihenfolge des Eingangs. Nicht jede Frage wird beantwortet werden können.

Ziff. 5 Gewährleistung

1. Der Springer-Verlag ist nicht Urheber der Daten und Programme, sondern stellt sie nur zur Verfügung. Der Nutzer weiß, dass Datenbanken und Software nicht fehlerfrei erstellt werden können; er wird die Richtigkeit der Ergebnisse seiner Recherche in geeigneter Weise überprüfen.
2. Bei Material- und Herstellungsfehlern und fehlenden zugesicherten Eigenschaften oder bei Transportschäden tauscht der Springer-Verlag den Vertragsgegenstand um. Darüber hinausgehende Ansprüche hat der Nutzer nur, wenn er die Vertragsgegenstände unmittelbar beim Springer-Verlag gekauft hat. Die Gewährleistung setzt voraus, dass der Nutzer den Mangel unverzüglich und schriftlich genau beschreibt.

Ziff. 6 Haftung des Springer-Verlags
1. Der Springer-Verlag haftet auf Schadenersatz, gleich aus welchem Rechtsgrund, nur bei Vorsatz grober Fahrlässigkeit und bei Eigenschaftszusicherungen. Die Zusicherung von Eigenschaften erfolgt nur im Einzelfall gegenüber einem bestimmten Nutzer und bedarf der ausdrücklichen schriftlichen Erklärung. Für Auskünfte nach Ziff.4 haften weder der Springer-Verlag noch der Urheber bzw. der Hersteller. Die Haftung aus dem Produkthaftungsgesetz bleibt unberührt. Der Einwand des Mitverschuldens des Nutzers bleibt dem Springer-Verlag offen.
2. Die Haftung der auf den Vertragsgegenständen ausgewiesenen Urheber oder Hersteller ist – gleich aus welchem Rechtsgrund – gegenüber dem Nutzer auf Vorsatz und grobe Fahrlässigkeit beschränkt.
3. Für Fehlfunktionen bzw. Beeinträchtigungen der Lauffähigkeit des Programms, die u. a. aufgrund von Inkompatibilitäten durch Updates oder Patches der Betriebssysteme oder der Videotreiber verursacht werden können, wird keine Gewährleistung übernommen. Bei der Zusammenstellung von Texten und Abbildungen wurde mit größter Sorgfalt vorgegangen. Trotzdem können Fehler nicht vollständig ausgeschlossen werden. Der Springer-Verlag als Inhaber der ihm übertragenen Nutzungsrechte und die Autoren können für fehlerhafte Angaben und deren Folgen weder eine juristische noch irgendeine andere Haftung übernehmen.

Ziff. 7 Haftung des Nutzers
1. Der Nutzer verpflichtet sich, Nutzungs- und Weitergaberegeln (Ziff. 1 und 2) einzuhalten. Verstöße können strafbar sein und Schadenersatzansprüche auch der Lizenzgeber des Springer-Verlags gegen den Nutzer auslösen.
2. Bei schwerwiegenden Verstößen des Nutzers kann der Springer-Verlag die Nutzungserlaubnis widerrufen und die Herausgabe der Vertragsgegenstände verlangen.

Ziff. 8 Datenschutz
Der Nutzer ist damit einverstanden, dass seine Daten maschinell gespeichert und verarbeitet werden.

Ziff. 9 Vertragsabschluss
Der Nutzer verzichtet darauf, dass ihm die Einverständniserklärung des Springer-Verlags mit dieser Erklärung zugeht.

Ziff. 10 Schluss
1. Diese Vereinbarung gilt für gelieferte und für zukünftig zu liefernde Vertragsgegenstände.
2. Sollte eine Bestimmung dieses Vertrags unwirksam sein oder sollte der Vertrag unvollständig sein, so wird der Vertrag im übrigen Inhalt nicht berührt. Die unwirksame Bestimmung gilt durch eine solche Bestimmung ersetzt, welche dem Sinn und Zweck der unwirksamen Bestimmung in rechtswirksamer Weise wirtschaftlich am nächsten kommt. Gleiches gilt für etwaige Vertragslücken.
3. Gerichtsstand ist Heidelberg, wenn der Nutzer Vollkaufmann, eine juristische Person des öffentlichen Rechts, ein öffentliches Sondervermögen ist oder keinen deutschen Wohn- oder Geschäftssitz hat.
4. Es gilt das Recht der Bundesrepublik Deutschland unter Ausschluss der UNCITRAL-Kaufgesetze.

Druck- und Bindearbeiten: Legoprint, Italien